JN108491

コミュニティ シップ

Communityship

下北線路街プロジェクト。
挑戦する地域、応援する鉄道会社

編著：橋本 崇・向井隆昭 小田急電鉄株式会社 エリア事業創造部
監修：吹田良平

学芸出版社

はじめに

　皆さんは普段、「街」とどのように関わっていらっしゃるでしょうか？

　「街」や「街づくり」と聞いてもなんだか自分とは遠い存在でピンとこない方も多いのではないでしょうか？

　私の場合は、私たちが携わった通称"シモキタ"を舞台にした、「下北線路街」のプロジェクトを通して、「住民と街との新しい関わり方」と出会い、その素晴らしさを教えてもらいました。それは、"街のために取り組む"のではなく、"街を舞台に自分がしたいことを、仲間と共に思い思いに楽しみながら行う"、という住民と街との幸福な関係を意味します。言うなれば「街づくり（街のつくり方）」ではなく、「街づかい（街のつかい方）」という感覚です。

　私たちはそれを皆さんにお裾分けしたく、その幸福な関係性を「コミュニティシップ」と名付けました。コミュニティシップは、「スポーツマンシップに溢れる」などの表現と同様に、主体となる当事者の意識であり、価値観であり、伸ばすことのできる能力です。これはすべての人に備わっており、高められる能力であり、日々の暮らしの中で自らの幸福感を高めるために有効な能力だと思います。

　ここで改めて、下北線路街について簡単にご説明します。下北線路街とは、小田急線東北沢駅から間に下北沢駅を挟んで世田谷代田駅に至る3駅間の小田急線地下化に伴う鉄道跡地開発を指します。舞台は東京都世田谷区下北沢エリア。私たち小田急電鉄が10年ほど前に計画に着手し、2022年に全ての開発が完成を迎えました。全長1.7キロメートルに及ぶ敷地は13ブロックに分けられ、ホテルや商業施設、保

育園や居住型教育施設、広場や公園などで構成されています。おかげさまで地域の人たちから評価を頂いたほか、数多くの取材や視察のご依頼が寄せられています。その理由は本編でしっかりとご説明します。

　この本では、まず1章で、コミュニティシップを考えるきっかけとなった、下北線路街プロジェクトについてご紹介します。これは街の人たちの「コミュニティシップ」を高め、存分に発揮してもらうための方法、いわば「街づくり」編です。2章は、コミュニティシップに溢れているシモキタの人たち、あるいは発揮しようとしている人たちの取組みやその背景、価値観をご紹介する、いわば「街づかい」編です。続く3章では、人と街との関係性を常日頃から研究している識者たちによる、各専門分野から考察した「コミュニティシップ」論をお届けします。

　最後となる4章では、「コミュニティシップ」を意識し、高め、発揮するためのコツ、つまり、暮らしと切り離せない街という舞台で、一人ひとりが幸せな日々を暮らすためのレシピをご紹介します。

　さまざまなテクノロジーが発達し、メタバースの世界の広がりが予測されている今の日本にこそ、リアルな街との関わりから生まれる幸福の重要性はより高まると確信しています。普段「街づくり」や「街づかい」に携わっている方はもちろん、街との距離が少し遠い方にこそ是非読んでいただき、一人でも多くの方のお役に立てることを心から願っています。

小田急電鉄株式会社 エリア事業創造部 課長代理

向井隆昭

下北線路街 AREA MAP

世田谷代田駅
SETAGAYADAITA

東北沢駅
HIGASHIKITAZAWA

13

12

11

10

9

8

下北沢駅
SHIMOKITAZAWA

下北沢サイトマップ

西武新宿線
Seibu Shinjuku Line

高円寺　中野　JR中央線
Chuo Line

JR山手線
Yamate Line

新宿
Shinjuku

Shinjuku
Gyoen

京王線
Keio Line

Meijijingu
Gaien

小田急線
Odakyu Line

代々木上原

Yoyogi
Park

原宿
Harajuku

笹塚

明大前

下北沢
Shimokitazawa

東北沢
Higashikitazawa

梅ヶ丘

世田谷代田
Setagayadaita

京王井の頭線
Keio Inokashira Line

渋谷
Shibuya

経堂

恵比寿
Ebisu

東急田園都市線
Tokyu Denentoshi Line

東急東横線
Tokyu Toyoko Line

東急世田谷線
Tokyu Setagaya Line

目黒
Meguro

Komazawa
Olympic Park

下北線路街「BONUS TRACK」

CONTENTS

1 鉄道事業者の挑戦、支援型開発という街づくり
コミュニティシップ溢れる街のつくりかた

129 **地域の人たちがはじめた挑戦**
コミュニティシップ溢れる街のつかいかた

序文

人と街との幸福な関係
"シモキタ"にみるコミュニティシップ

小田急電鉄株式会社 エリア事業創造部 課長
橋本 崇

"シモキタ"とは

　下北沢の街を表すとき皆さんは何と呼ぶでしょうか、おそらく多くの人が"シモキタ"という言葉を使うのではないでしょうか。その際、皆さんは"シモキタ"は地名の略称だからと当たり前のように思っていませんか。私たちもそうでした。でも実は下北沢という地名は存在しません（駅名は下北沢駅ですが）。街全体（エリア）を"下北沢"と総称し、略して"シモキタ"と呼んでいるのです。

　私たちが下北線路街プロジェクトを進めていく過程で、街との関わりが増えていくに従い、"下北沢"の言葉に違和感を感じることが多くなりました。下北沢でたくさんの人たちとお会いしましたが、自分が住んでいる街を"代田、代沢、北沢"という町名で表現する人が多く、また地域によっては自分の街を"下北沢"と呼ばれたくない人も多いことに驚かされました。でもそういった方々も"シモキタ"という表現はよく使います。これは私たちの主観になりますが、地元の人が使う"シモキタ"はもちろん場所（エリア）を示す言葉として使いますが、同時に"自分たちが思い思いに好きなことをしている"状態や概念のことを"シモキタ"と表現しているようにも感じたのです。自分たちの町名に誇りを持ちながら、さらに

概念としての"シモキタ"が街の人を一つにしている状態。この概念にたくさんの人が共感し、外からも多くの人を集めるのではないかとさえ感じています。この"シモキタ"という概念が、私たちが街づくりに関わっていく過程で、ある時はヒントとなり、ある時は指針となってくれたような気がしています。ちなみにシモキタはカタカナでないとしっくりきません。これも住民の方々からよく聞きます。ではなぜ私たちの開発コンセプト「下北線路街」は「シモキタ線路街」にしなかったのか？と言われそうですが、これにはいろいろとありまして……。このカタカナの"シモキタ"が私たちに教えてくれたことを皆さんと共有したくて、この本の制作を思い立ちました。序文にあたり、担当者の私からプロジェクトの背景や考えたことを記したいと思います。

プロジェクトの背景

　周辺に大学が多いことから「若者の街」や「古着屋の街」、あるいは、小劇場や音楽スタジオが集積していることから「演劇の街」や「サブカルチャーの街」と形容されることも多い街、下北沢、通称"シモキタ"。ここは、東京都世田谷区に位置していることからもわかるように、約3万5000世帯が暮らす全国有数の住宅街でもあります。

　私たち小田急電鉄は、小田急線下北沢駅を中央に挟んで、東北沢駅から世田谷代田駅に至る3駅間（正確には世田谷代田駅〜梅ヶ丘駅間の約0.3キロメートルを含む）、全長1.7キロメートルに及ぶ鉄道跡地開発に取り組んできました。これは、2004年から2019年の期間に施行された小田急線代々木上原駅から梅ヶ丘駅間の鉄道地下形式による連続立体交差事業（事業者：東京都）および複々線化事業によって、新たに創出された鉄道跡地の開発「下北沢地区上部利用計画」を指します。

　連続立体交差事業および複々線化事業によって、事業区間内に9か所あった踏切が廃止され、交通渋滞の緩和、鉄道と道路の安全性向上、緊急時における消防・医療活動の円滑化が図られるとともに、いままで鉄道によって南北が分断していた市街地の一体化や駅周辺の整備の促進が期待されます。

一方、2017年から本格的に動き出した下北沢地区上部利用計画は、やがて「下北線路街」という名称を得て、ブロックごとに順次施設が開業。2022年5月、ついに最終ブロックの整備が完了し全面街開きというスタートを切りました。"シモキタ"という独特のムードと街に対する熱い思いにあふれた地域の方々に支えられ、悩みながら学び、後退しながら前進したこの5年間の取り組みは、これからの街づくりの参考になるかもしれない、またそれ以上に、新型コロナウイルス感染症の蔓延後に大きく変わるであろう「これからのくらし」について考える上でのヒントになるのではとの思いに至りました。

予測不能の時代の到来

　1960年代から90年代までの期間、日本は高度経済成長から続く安定成長を謳歌し、国の税収から企業収入まで右肩上がり、人口も増え続けました。この状況下において、企業が事業を発展させるためには、ビジネスモデルを標準化して画一的なルールを定め、それを全国均一に横展開する拡大再生産の道をたどることが理にかなっていました。都市計画も同様に、トップダウンによって都市計画区域を定め、線引きを行い、用途地域を割り振り、各地域の現場においては、そのルールに沿った街づくりが行われてきました。各自治体が作る都市計画マスタープランが似通うのもその影響かもしれません。

　やがて、バブル経済が崩壊し経済不況に陥り、失われた30年が継続したままの状況に加え、少子高齢化・人口減少時代に突入すると、日本のそれまでのあらゆる前例がうまく機能しなくなりました。

　その理由として、今世紀になって顕著になった予測不能の時代に突入したことが大きいのではないでしょうか。自然災害や経済危機、テロやパンデミック、また目まぐるしく進化しつづけるITやAIの技術革新などを背景に、多様に変化していくニーズに応えにくい時代になっています。この予測不能の状況下では画一化したルールは弊害ともなります。状況に応じてルールを柔軟に変更しながら進めていく必要があります。ですが日本にはその変化に柔軟に迅速に対応できない、

時に岩盤とも称される社会構造が根深く存在していました。そうした中、この度の新型コロナウイルス感染症の蔓延が計らずも岩盤構造の変革を促したと言えます。

鉄道会社のジレンマ

　鉄道事業者が行う街づくりでいえば、これまでは都心ターミナルを起点に西へ東へと鉄道を敷設して輸送サービスを拡充していくことを前提に、都心は働く場所、郊外は住まう場所といった開発に終始。鉄道利用者を対象にターミナル駅周辺を中核として業務施設や商業施設を開発し、またサービスを画一化して沿線に横展開することでお金と時間を費やしてもらうという文字通り直線的なビジネスを続けてきました。

　しかし時代は新型コロナウイルス感染症の蔓延で大きく変わりました。リモートワーク、オンライン授業などの急速な進展により電車に乗る機会が減りましたし、どこにいても働けて学べることが可能になりました。つまり人は、「場所のしばり」から開放され、さらに開放されたことで自由裁量の時間を新たに獲得したのです。また、副業解禁や地方移住、二拠点居住なども進んだことから、「暮らし方」や「働き方（仕事）」を柔軟に変え、より自分らしい生き方を選ぶ人が増えつつあります。自分らしいライフスタイルをおくる、各々好きなことに挑戦できる時代が到来したとも言えるのではないでしょうか。私たち小田急グループは経営理念として、『お客さまの「かけがえのない時間（とき）」と「ゆたかなくらし」の実現に貢献します』を掲げておりますが、まさに今、この「とき（時間）」と「くらし」の概念自体が変わってしまったのです。

新たな事業モデルへの転換

　未だ新型コロナウイルス感染症が収束していない2022年現在、小田急電鉄は乗降客数が激減して苦しい状況にあります。もう以前のような乗車率には戻ること

はないでしょう。鉄道の時代は終わったのではとささやかれることもありますが、実は私たちはこの変化を前向きに捉えています。

　これまで、小田急電鉄は鉄道利用者向けのサービスを中心としてきましたが、これからの時代、電車を利用される人のみならず、利用されない人もお客さまとして捉える必要があると考えています。電車に乗っていた「時間」が自宅周辺で過ごす「時間」に替わっただけで、お客さまは沿線内からいなくなってはいません。小田急電鉄の1日の乗車人員は200万人ほど、沿線人口は500万人超です。つまり200万人から500万人へと私たちのお客さまが増えたと解釈できるのです。この度のコロナ禍は、その500万人のお客さまに向けて、自宅周辺での「とき（時間）」と「ゆたかなくらし」のサービスを創造する新たな事業モデルに転換する加速器となったのです。

　実はこの変化の兆しは新型コロナウイルス感染症拡大前からありました。"シモキタ"での街づくりを考える上で、これから15年、20年先の未来においては、あまり電車に乗らず自宅を中心としたくらしになるのではないか、もっと個人の自由な時間が増えるのではないか、それを考慮した街づくりを考える必要があるのではないかという議論を行っておりました。でもまさかこの度のコロナ禍によってその未来が目の前に現われるとはまさに想定外でした。あらためて予測不能の時代の只中にいるのだと痛感した次第です。

　今、小田急グループはこの新たな「とき（時間）」と「ゆたかなくらし」を創造し変化に柔軟に対応できる事業構造の構築が求められています。こうした状況の中、それを後押ししてくれたのが"シモキタ"でした。

コミュニティシップ "シモキタ" の柔軟性と変化への対応力

　下北線路街プロジェクトの計画当初は、私たちもこれまでの高度経済成長モデル同様、画一的な「施設開発（アセット型開発）」の姿勢で街に乗り込みました。つまり、容積をフルに生かしたビルを建て、財務的にリスクの少ない大手企業に入居してもらい、開業を終えたら管理部門に引き渡す。開発者は次の街の次の開発に

向けて去っていくという姿勢です。

　しかし、いざ"シモキタ"の街に入って多くの人と接すると、想像を絶する多様なニーズを目の当たりにし、こうした姿勢では立ちいかないことを実感しました。加えて、以前より開発計画に対して快く思っていない方が少なからずいることに警戒しながら街に入りました。ところがいざ接してみると、彼らは街の開発を受け入れていたことに面食らいました。彼らは開発計画に反対しているのではなく開発を受け入れた上で、一住民として我々の意見も聞いて欲しい、一緒に考えさせて欲しいという気持ちだったのです。彼らは街が変わることを拒んでいたのではありませんでした。時代が変われば街も変わることはやむを得ない。でも勝手に計画を進めないで欲しい。我々の意見も聞いて欲しい、我々もリスクを取るからという意志を強く感じるに至りました。

　"シモキタ"の人たちは、よく言われる「伝統とは革新の連続である」を実践してきた人たちであり、彼らの街との接し方は、いわゆる従来の街づくりとは性質が異なっているように感じました。具体的には、自らの趣味や関心テーマを通じて自己実現や共創を行う舞台として街を見事に使いこなしているように見えたのです。その結果、街がさらに活気づき街への愛着も増してくる、そしてその盛り上がりが外にも伝播して来街者も増える。そうした幸福のサーキュラーエコノミーが回っているような気さえしました。これがシモキタの市民力、人と街との幸福な関係だと気づき身震いしました。

　ではなぜ"シモキタ"の人たちはそうした態度が取れるのでしょうか。それは彼らに共通のパーパスがあったからというのが私たちの見立てです。そのパーパスこそ前述した"シモキタ"の概念、"自分たちが思い思いに好きなことをしている"であり、私たち開発者にそれを崩されたくなかったのではと思い当たりました。この共通のパーパス＝"シモキタ"が街を一つにし、さらに基軸となって、人が交わり発酵し、やがて思いがかなっていく、あるいはかなっていく方向に向けて動き出す。"シモキタ"は正にコミュニティシップとでも形容すべき姿そのものでした。

コミュニティシップを支える支援型開発

　繰り返しになりますが、社会の構造が大きく変わりました。私たち鉄道事業者にとって変えてはならないのは、輸送の安全性を最優先すること、30年後もその先も街の価値が維持されるような開発を行うこと。その上で、実現のためのアプローチは時代に合わせて柔軟に変えていくべきです。街の人と接することで私たちシモキタチームには事業構造を変革するという覚悟ができました。すなわち、街を活用したい、街を楽しみたい人に対してもっと関わりやすい場や仕組みを整備し、その人たちの挑戦を後押しする、彼らが街を介して自己実現を図る、目的を叶えるための環境づくりに徹する、リスクをシェアすることへの覚悟です。

　そこで私たちは5つの具体的な事業構造の変革を行いました。①街づくりの主体者は住民。小田急電鉄はその支援に徹する（支援型開発の推進）、②従来の機能別組織を一気通貫の機動力のある組織に変更する（エリア一体運営管理部署「エリア事業創造部」の設立）、③住民とのリアルな接点の場を創出する（「下北線路街空き地」の整備）、④テナントが自発的に運営できるような柔軟なルール（賃貸借契約）づくり（「BONUS TRACK」参照）、⑤これからの社会で活躍できる柔軟性に富んだ人材を街ぐるみで育成する（「世田谷代田 仁慈保幼園」「SHIMOKITA COLLEGE」参照）です。詳細は次章以降でご紹介します。

　この本を通じて、鉄道事業者、開発事業者、街づくりに携わる方々にとって予測不能の時代の新しい街づくりへのレールが、そして何より街に暮らし、街で事業を営む地域の方々にとって、人と街との幸福な関わり方に関する新しいレールが敷けたとしたら、このプロジェクトの一員として本望です。ただし、この本は街づくりの手法や解決策を提案している教科書ではありません。今時点での一つの方向性を示したに過ぎず、また時代が変われば柔軟に変化しルールを変えていく必要があります。何より私たちはその変化自体を楽しみながら街に関わり続けていきたいと思っています。

1

鉄道事業者の挑戦、
支援型開発という街づくり

コミュニティシップ溢れる街のつくりかた

コミュニティシップとは、地域住民が街や街の人と積極的に関わり・楽しむ意識や姿勢のことを言いますが、第1章では私たちがコミュニティシップを考えるきっかけとなった、「下北線路街」プロジェクトをご紹介します。住民の方々がコミュニティシップを高め、存分に発揮してもらうための、いわば「街のつくりかた」編です。

text：近藤希実

01 ｜ 下北線路街プロジェクトとは

1-1　鉄道地下化に伴う跡地開発

　2022年5月に全エリアが完成した「下北線路街」。実は、その前日譚はとてつもなく長い。

　そもそも下北沢駅周辺の再開発は小田急線の地下化に伴い始まったが、その契機となる東京都の都市計画が策定されたのは1964（昭和39）年のこと。「連続立体交差事業」と呼ばれる大規模なインフラ整備計画で、この事業には市街地で道路と交差している線路を高架化または地下化することで踏切をなくし、交通渋滞を緩和するとともに鉄道と道路の安全性を高める狙いがあった。東京都は、東北沢〜和泉多摩川間の10.4キロメートルの立体化を計画。小田急電鉄は同時並行で、輸送力を高めるために上下線を各2本ずつ計4本の線路にする「複々線化事業」を進めてきた。工事は1989年以降、順次着工。最後に残ったのが代々木上原〜梅ヶ丘間の下北沢地区だった。

　小田急線と京王井の頭線が交差する下北沢駅では、すでに高架式で稼働している井の頭線の上にさらに小田急線の高架を建設すると、かなりの高さになってしまう。日照への影響や騒音を危惧

した沿線住民から「高架反対」の声が上がり、裁判にまで発展した末、下北沢地区では地下を2層に分けて地下1、2階でそれぞれ各2本の線路を走らせる構造を採用した。工事は2004年9月に始まり、ダイヤ改正を含めたすべての事業工程が完了したのは2019年3月のこと。計画策定から、実に半世紀以上が経っていた。

1-2 「下北沢地区上部利用計画」動き出す

　鉄道が地下に潜ると、線路のあった地上空間は当然ぽっかり空くことになる。全長1.7キロメートル、約2万5000平方メートルの広大な跡地に何をつくるのか？　街の雰囲気を一変させる可能性を秘めた開発プロジェクトが、在来線の地下化が完了した2013年に動き出す。それが「下北線路街」へとつながる「下北沢地区上部利用計画」[1]だった。

　下北沢は、広域商業集積地である新宿と渋谷の両方から電車で10分とかからないアクセスの良さがある。その一方で、都心からある程度"離れている"ことでメインストリームとはひと味違った独自のカルチャーが生まれ、小演劇、インディーズ音楽や本、また、古着ファッションなどの街として人々を惹きつけてきた。小田急沿線で知名度があり、外からの注目度も高い下北沢は〈沿線ブランディングの要〉となるエリアだ。

　鉄道会社による通常の開発であれば、商業ビルを建て"東京初""エリア初"といった話題性のある人気店や全国チェーン、自社グループの小売店をテナントに呼び込んだら一定の収益性は見込める。しかし、プロジェクトを率いた小田急電鉄の橋本崇は、地域に入って地元の声を聞く中で、下北沢という街の個性をより生かすには、これまでの開発の"定石"ではなく新しいスタイルの街づくりが必要だと気づいた。

　「人口減少や高齢化、コロナ禍など、変容し続ける時代にあって、ハコを建てて終わりという従来のやり方はもう通用しません。街の魅力を未来へつないでいくには、デベロッパーが全部やるのではなく、地域の皆さんがやりたいことを後押しした方がいい。

[1] 下北沢地区上部利用計画
東京都の連続立体交差事業及び小田急電鉄の複々線化事業により生まれた下北沢地区の鉄道跡上部空間の利用計画。「街のにぎわいや回遊性、子育て世代が住める街、文化」をキーワードとし、小田急電鉄により策定された

そして、シモキタには"あなたがやるなら自分もやる"という心強い味方がたくさんいました」。

主役は地域のプレーヤーであり、デベロッパーはサポート役になる。そんな考えから、橋本らはプロジェクトのテーマを「サーバント・デベロップメント（支援型開発）」と定めた。ヒトやモノ、コトの〈であい〉の場を作り、〈まじわり〉を促し、新たなコミュニティやビジネスが〈うまれる〉手助けをしていくことで、街の個性＝魅力をより高めていこうというスタンスだ。

住んでいる人も働いている人も、外から訪れる人も、多様で個性豊かな面々が共存し、それぞれ心地よく過ごせる〈街〉をみんなで作ろう──。その拠点となることを目指して、「下北線路街」プロジェクトは走り出した。

コンセプトは明瞭で、簡潔だ。

「BE YOU. シモキタらしく。ジブンらしく。」

1-3　施設型開発から支援型開発へ

東北沢駅から世田谷代田駅まで、下北線路街の1.7キロメートルは寄り道せずに歩くと25分ほど。地元から要望の大きかった緑を随所に増やし、"歩いて楽しい"作りになっている。あちこちに点在する施設に立ち寄りながら歩けば、あっという間に時間が経ってしまう。

驚くべきは、その1.7キロメートルの間、シモキタエキウエのスターバックスコーヒーなど定番の全国ブランドもいくつかあるが、下北線路街の施設に入っているのはほとんどが"非チェーン店"であることだ。街の個性を高め、多くの人に愛着を持ってもらうには、〈ここにしかない〉お店や場所の存在が欠かせない。「シモキタらしく。ジブンらしく。」を実現させるための徹底したこだわりは、従来の画一的な開発とは大きく異なるテナントの顔ぶれにも表れている。

そして小田急電鉄の「支援型開発」は全施設が開業したからと言って、おしまいではない。下北線路街はあくまで拠点であり、

画一的ではなく、地域の個性を引き出す開発により、自宅を中心とした徒歩圏内の暮らしの充実を図りたい（橋本）

街の魅力を未来へつないでいく作業はむしろこれからが本番だ。

　くしくも新型コロナウイルス感染症によって、朝仕事に出かけて夜帰って寝るだけだった〈住む街〉は、リモートワークの促進や遠出の自粛でより長い時間を過ごす〈暮らす街〉になった。過ごす時間が増えれば増えるほど、〈暮らす街〉は心地よい場所であってほしくなる。街と人との関わり方が変化しつつある今、下北線路街は〈暮らす街〉の玄関口、駅前の開発における新たな方向性を示している。

　では、下北線路街はどうやって生まれたのだろうか？　プロジェクトがどんな経緯をたどり、どう地域と関わりながら発展してきたのか、これから紐解いていきたい。

下北線路街 空き地。POP UPキッチンやイベントが開催され、街の人々が集う場となっている

写真：nao mioki

02 │ プロジェクト、動き出す

2-1 東京のグリニッジ・ヴィレッジ

　「下北沢は東京のグリニッジ・ヴィレッジだ」。ニューヨーク・タイムズにそんな切り口で始まる下北沢の紹介記事が載ったことがある。グリニッジ・ヴィレッジはマンハッタンのダウンタウンにある地区で、19世紀後半から急進主義の芸術家や小説家が多く移り住み、東海岸のカウンターカルチャーの発信地となったネイバーフッドだ。60年代以降は、LGBTムーヴメントの中心地としても知られている。都市が新しい文化を醸成する好例で、下北沢も同じように独自のカルチャーを生み出す土壌がある街だとして、グリニッジ・ヴィレッジに並び称されたのである。

　下北沢は、東京を焼け野原に変えた太平洋戦争の空襲から奇跡的に免れた街だ。そのため、自動車が広く普及する前に整備された道路がそのまま戦後に引き継がれ、車の通行を第一に考えていない路地や行き止まりが今も街の至るところにある。必然的に街なかの交通量は少なく、歩行者がとても歩きやすい。また、戦後の闇市から発展し、徐々に住宅地を侵食していった商業エリアを占めていたのは大半が小さな個店で、高い建物がない街に〈ここ

にしかない〉ユニークな店舗がぎゅうぎゅうに並んでいる現在の下北沢の在り様につながっている。

　この"小ささ""狭さ"に加えて、都心から"少し離れている"ほどよい距離感が、新宿や渋谷といった広域商業集積地とは異なる独特な彩りを下北沢に与え、ローカルな文化を育んでいった。

　例えば──。1975年には茶沢通りにジャズバー「LADY JANE」が開店。ライブハウス「下北沢ロフト」などと組み、現在まで続く下北沢音楽祭を立ち上げて"街場"の音楽シーンを牽引していった。1981年には小劇場「ザ・スズナリ」、82年には「本多劇場」が誕生。いずれも新東宝の元俳優で実業家の本多一夫氏が設立したもので、本多氏はその後も次々と6つの小劇場を開き、いつしか下北沢は〈演劇の街〉▼2と称されるようになった。

　こうした独特の文化に惹かれた人々が下北沢に集まり、消費者にとどまらず自らもプレイヤーになっていくことで、ローカルな文化はさらに熟成され、また、新しいものも生まれてくる。そうやって好循環が時代を経るごとに繰り返され、下北沢は都内に限らず全国的に名の知られた「地域型商業エリア」になっていったのである。

2-2　シモキタの名の下に

　ところで、「下北沢」という地名は実際には存在しない。「下北沢」はあくまで駅名で、住居表示では世田谷区代田、代沢、北沢の各地区が俗に「下北沢」と呼ばれている。ただ、下北沢は商業地であるとともに約2万世帯が住む住宅地でもあり、街が〈サブカルの聖地〉として有名になっていく一方で、古くからの地元住民の中にはそういう"色"を嫌う人もいる。

　「"下北沢の人"と思われたくない人もいる。だけど、そういう人も不思議とすんなり受け入れる地元の呼称があるんです。それが〈シモキタ〉でした」

　そう指摘するのは、小田急電鉄の橋本崇だ。シモキタは地名でも駅名でもなく"概念"で、「自分がやりたいことを好きなように

シモキタという概念でつながっているものの、代田・代沢・北沢それぞれに個性があり、地域の人が愛着を持っていることも特徴の一つ（橋本）

▼2 演劇の街
著名な劇団や俳優たちが出演する「本多劇場」、演劇の街のルーツであり、昭和の雰囲気が残る芝居小屋「ザ・スズナリ」のほか、下北沢駅から徒歩10分圏内に大小さまざまな10軒以上の劇場が集積。毎年2月の1か月間は下北沢演劇祭が開催されている

やっている」人たちや自由な街の雰囲気を表している、と橋本は
考えている。

　〈自分の街〉が他のどこの場所とも違う、オリジナルな〈シモキ
タ〉であるという誇り。この気づきが、のちに「下北線路街」とい
う名称につながっていくわけだが、下北沢は“サブカル”一色では
なく、住民には文化的、経済的なバックグラウンドを含め多様な
〈層〉があると発見したことは、線路跡地の開発を進めるにあたっ
て大きなヒントの1つになったという。

　ただ、そんなシモキタも、グローバリゼーションと無縁ではい
られない。近年、街にチェーン店が増えているのだ。
　下北沢には昔からの大地主が複数いて、駅前の商業地などを貸
し出しているが、借地人はそこにビルを建てて貸しビル業を営む
のが一般的だ。区の固定資産税・都市計画税が上がれば、地主は
借地料を上げる場合が多く、そうなるとビル主は値上げ分をテナ
ント料に転嫁する。テナント料が高騰すれば、小商いを営む個店
では支払いが難しくなり、結果的に資本力のある大手が入居する
ことになる。かつては地主やビル主が地元への配慮から値上げを
見送ってきた時代もあったが、互助的な精神だけで個店の並ぶ街
並みを守るのはますます難しくなってきている。
　ボヘミアンな空気が充満していたグリニッジ・ヴィレッジが今
ではアートギャラリーの並ぶ高級住宅地になっているように、街
が時代とともに変化するのはやむを得ない。しかし、誰しも自分
の暮らす街が“没個性”になるのはイヤなはずだ。均質化の波が押
し寄せる中、シモキタの人々は小田急電鉄が手掛ける駅前の大規
模開発に不安と期待を寄せ、じっと注視していたのだ。

2-3　小田急電鉄社内の状況

　1964年から東京都の「連続立体交差事業」と一体で取り組んで
きた小田急電鉄の「複々線化事業」は2004年時点で残すところ東
北沢駅〜世田谷代田駅間のみとなり、線路跡地の利用を巡って小

田急電鉄社内でも具体的な議論が交わされるようになった。

　元より2つの事業は道路と交差する線路を高架化や地下化することで地上の利便性を高める狙いがあったが、特に京王井の頭線と小田急線という複数路線が走る下北沢では、踏切がひっきりなしに閉まり、朝のラッシュ時ともなると踏切が開いているのは1時間のうち10分以下という有り様だった。小田急線の地下化によって2013年3月に9か所の踏切が廃止され、「開かずの踏切」はようやく解消されることになる。波及効果として、駅舎と線路で分断されていた南北の街の交流も活発化すると期待された。

　しかし、下北沢が沿線でも人気のスポットだからと言って、必ずしも線路跡地開発のプロジェクトが小田急電鉄社内で特別視されていたわけではない。そもそも下北沢駅は新宿駅や町田駅に比べると、乗降客数▼3は多くない。加えて、東北沢駅〜世田谷代田駅間の全長1.7キロメートルと聞くと非常に広い計画地に思えるが、もともと線路が走っていた土地だけに幅は狭く、最も狭いところでは25メートルしかない上に、線路跡地につながる周囲の道路が狭いことから工事搬入も大変。また、計画地に接するすべての建物から背中を向けられていたり、都市計画上の規制で高い建物は建てられず、"人が通らない、集まらない、注目されない"の三重苦のような悪条件を抱えていた。

　2013年11月に東京都、世田谷区、小田急電鉄の三者で合意したゾーニング構想が発表されたものの、2015年から本格的にプロジェクトに携わる小田急電鉄、向井隆昭は「当時、チームには営業担当の僕を含め計5人しかおらず、士気も正直高くなかった」と振り返る。当時、小田急電鉄はエリアの価値向上を目指す街づくり発想ではなく、「ミロード」などの商業施設開発で得意としてきたハコ（建物）を作ってテナントを誘致するという従来の考え方にとらわれていた。このため、"儲け"が見込めない下北沢での計画は事業性のハードルも高く、なかなか進まなかったという。

　そんな一筋縄では行かないプロジェクトに小田急電鉄が新たなリーダーとして送り込んだのが橋本崇である。2017年7月のことだった。

特に世田谷代田、東北沢駅は乗降客数が1万人を切ることから、通行量も圧倒的に少なく、リーシングが難しいと敬遠されていた（向井）

2-4 住民側の状況「北沢PR戦略会議」

「よく来てくれた」「やっと話ができる」。

2017年9月、地元住民でつくる「北沢PR戦略会議」▼4に小田急電鉄代表として出席した橋本は住民の思わぬ反応に驚かされた。

北沢PR戦略会議は下北沢地区の線路地下化に伴い、跡地の利用方法やその周辺の街づくりを考えようと、保坂展人区長の発案で2016年10月に設立された〈議論の場〉だ。旗を振ったのは行政でも主役はあくまで住民で、街をよくするために何をすべきか、誰でも参加できるオープンな場でアイディアを出し合っていた。

プロジェクトチームに加わり、まず橋本が驚いたのは、PR戦略会議では街のこれからに関する前向きで活発な議論が盛んに交わされていたことだった。そればかりか、たまに橋本にも議論の内容について意見が求められた。過去に小田急電鉄と地元住民は列車騒音を巡り、裁判にまで発展して長く争った経緯があり、PR戦略会議でも「最初はとにかく批判されるだろう」と身構えて参加した。ところが、橋本を待っていたのは冒頭のような反応で、「さあ、議論に加わってくれ」とばかりに自然と輪の中に迎え入れられたのだ。

小田急電鉄は2013年11月にゾーニング構想を発表したものの、「にぎわいや回遊性、子育て世代が住める街、文化」をキーワードにした"魅力あるまちづくり"の中身は、東北沢・下北沢・世田谷代田の駅ごとに分けた3つのゾーンに「住居系」「住居・業務系」「商業施設」など用途別の施設を配置した計画があるだけで、具体像はまるで示せていなかった。当時の住民からすれば、小田急電鉄側の情報こそ圧倒的に不足しており、自身を"仲間"に引き入れることで「小田急は何を考えているのか?」「何をやるつもりなのか?」を知りたかったのではないか、と橋本は振り返る。

ゾーニング構想に対しても、住民側が物申したいことはもちろんあった。特に多くの人がこだわっていたのは下北沢駅西側に計画された800台分の駐輪場で、「街に緑を増やしてほしい」という要望にも応える合わせ技として、高架式で上部を公園にし、下部

地元の人たちは必ずしも反対勢力ではなくコミュニケーションを取りたがっていたことに気づいた（橋本）

▼4 北沢PR戦略会議
地域を盛り上げる取り組みに関心のある住民でつくる具体的活動を行う部会で構成された会議。2017年9月に開催された「第3回全体会議」の時点では、シモキタ編集部、下北沢案内所チーム、シモキタの新たな公共空間を再考する部会、イベント井戸端会議、子どもから高齢者まで安全にすごせるユニバーサルデザインチーム、シモキタ緑部会、下北駅広部会、公共空間運用ルール部会の計8部会が立ち上がり、今後の活動方針などが議論された

に駐輪場を設置する構造になっていた。ニューヨークのマンハッタンにある人気スポット、廃線の高架橋を再開発した空中庭園「ハイライン」を意識した案だったが、下北沢の住民にとっては「小田急線線路の高架化をせっかく中止にしたのに、どうしてまたわざわざ高架にするのか？」とすこぶる評判が悪かった。

ただ、地元住民は何にでも異を唱えていたわけではない。1年近くPR戦略会議で活発に意見を交わす中で、情報発信やイベント企画、街の緑化などの「部会」がいくつも結成され、街を盛り上げるためのアイディアはすでに実践に移されていた。「小田急は何をしてくれる？」ではなく、「何をするか一緒に考えよう。自分にはこういう"やりたいこと"がある」という住民の姿勢に、橋本は「ガツンと頭を殴られた気分になった」という。

「住民は単なる権利主張者、行政や企業のサービスを受け取るだけの消費者ではありませんでした。声をあげるのはシモキタが〈自分の街〉だという意識が強いからで、"俺もやるからお前も一緒に"と自ら動き、リスクを取れる人が非常に多かったのです」。

向井もまた「地域のお店の方や事業者の方たちは自立している。外からの提案を待っている人たちではなかった。皆さん自分たちが好きなことを好きな街でやりたいという想いをお持ちの方ばかりでした」と痛感する。

この頃から、橋本たちは「サービス提供者（行政、企業）とサービス享受者を分ける時代はもはや終わった」と考えるようになる。

地元住民は必ずしも抵抗勢力ではなく、自立した個々の事業者・個人として、街を舞台にそれぞれ"やりたいこと"が明確にある。「街づくり」と大上段に構えるのではなく、街の人たちの"やりたいこと"が実現し、それらが集積すれば、結果的に街はより面白くなるのではないか——。

「それにはまず、街をもっと理解しなければ話にならない。我々は圧倒的に街の情報が不足している」。

そう痛感した橋本たちはさらに深く、シモキタへと分け入っていった。

シモキタにはイキイキとしている人が多い。人に言われたからやるのではなく、自分がやりたいからやる、という自主性を感じた（向井）

下北線路街 空き地にて 2019 年から続く朝のラジオ体操。下北沢の新たな風物詩となっている（P64 参照）

北沢 PR 戦略会議「緑部会」が母体となり発足した「シモキタ園藝部」。下北線路街の植栽管理、一般向けのイベントや園芸教室を開催（P68 参照）

「帰ってきた！ブタ音楽祭 2days 〜空き地 de ランタンサーカス」（2021年11月）
下北線路街 空き地では、音楽ライブやマーケット等、週末ともなればさまざまなイベントが繰り広げられている

写真　nao mioki

03 | まず歩いて街を知る。現地調査

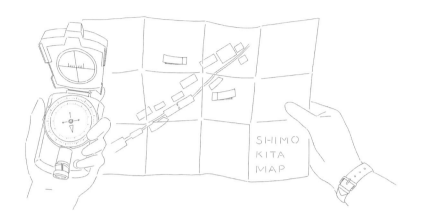

3-1 歩くことからはじめる

　橋本の手許には、あちこちが擦り切れてボロボロになった1枚の地図がある。下北沢の跡地開発プロジェクトを率いた橋本が、街を"足"で知るために使ったものだ。

　ダイニングテーブルを覆ってしまうほどの大きな地図の上で、商店はオレンジ、賃貸住宅はパープル、個人の住宅はブルーに色分けされている。自分の子供にも手伝ってもらって色を塗り、賃貸住宅が多いエリア、駅前の商業地に隣接した住宅地が広がっているエリア、1軒の敷地が広い高級住宅エリア──など、地域ごとの大まかな特性を頭に入れながら、橋本は地図を携帯し、半年ほどかけて下北沢周辺を歩き回った。

　「ゾーニング構想はありましたが、駅ごとに3つのエリアに分けるやり方で本当にいいのか、各エリアに何を作れば利用者に喜ばれるのか、そもそも潜在的な利用者をどの範囲に住む人たちと設定するのか……私自身まだ全く確信を持てませんでした。PR戦略会議で住民の皆さんの輪に迎え入れてもらい力が沸いた一方で、

橋本が使用した現地調査地図

『もっと街のことを勉強しないとダメだ』と焦りも増しました」。

　橋本が歩いて調査した範囲は、下北沢駅を中心に直径2キロメートルのエリアに及ぶ。朝昼晩と同じところを歩き、一方通行でしか人が流れない通りや夜は人がいなくなるエリア、細い路地だけど通行量が多い場所など、人の流れを把握していった。京王井の頭線と小田急線のユーザーの分かれ目はどこか調べようと、「あまり褒められた方法ではありませんが」と苦笑しつつ、隣り合う池ノ上駅や新代田駅の周辺から歩行者のあとを途中までついて行ったこともある。

　調査は下北沢の〈現在〉だけでなく、〈過去〉にも遡った。橋本は明治時代まで存在した下北沢村（のちに世田ヶ谷村に統合）の古地図などを参照し、街の地形的な成り立ちとともに、街の特性を調べていった。「沢」のつく地名は川や谷、沼沢地など水に由来する場所が多い。下北沢（北沢、代沢）も例にもれず、かつては西から東へ北沢川が流れ、北から南へ流れる森巌寺川と下北沢駅の南側にある代沢小学校辺りで合流していた。現在はいずれも暗渠化されているが、ゆるやかに曲がる道路の形状に川の流れの面影が残っている。

街のことをちゃんと理解しなくちゃ対等な会話ができないと痛感した（橋本）

この北沢川を「底」として、森巌寺川をはさんで西には代田の丘、東には代沢の丘があり、現在の地図で色分けしたブルーのエリア、中でも高級住宅街は高台の位置と一致していた。"サブカル好きな若者の街"といったイメージがある一方で、実際は多様な経済層に分かれており、財布の重さの異なる人々が同じ空間＝街をすんなり共有しているのもシモキタの不思議な特性と言える。

東大駒場キャンパスのある代沢地区やハイセンス志向の代々木上原地区のユーザーを想定した商業施設「reload」や、輸入食品「KALDI」の創業地である代田地区の居住者特性にマッチする、食にこだわった「世田谷代田キャンパス」の着想は、橋本が来る前に向井を中心に計画されていたが、街を肌で感じ取った橋本はこの計画を更に深化させようと判断した。

3-2　歩くと見えてくることがある

大規模開発では通常、こうした地域の実情は調査コンサルティング会社に依頼してデータを収集することが多い。しかし、橋本は「全く信用していません」と苦笑する。というのも以前、コンサルに「商業的には何も成立しない」と言われた物件で、結果的に十数億円の投資で数十億円の価値を生み出した経験があるからだ。

「みんなが難しいと思って敬遠してた物件は、何かをやってみるハードルがすごく低くなる。リスクはあっても、その幅が大きければ大きいほど"化ける"可能性があります。一般的な"弱み"を"強み"だと思える担い手を探し出せばいいだけで、そう気づいた時から私はコンサルに調査を頼らず、徹底的に地域を歩き、地元でヒアリングするようになりました」。

その成果は、例えば個店の集まる長屋エリア「BONUS TRACK」に表れている。下北線路街の1.7キロメートル区間には鉄道があったため、もともと人が通らない空間だったが、中でも高台にある「BONUS TRACK」の土地は周辺に全く人通りがなく、橋本にとって特に不安なブロックだった。しかし、現地を歩くと、多くの人が行きかう三叉路から一本道でつながっており、人の流れを呼び

当時の自分は橋本のような水準のリサーチはできていなかったが、その地域ならではの個性を活かしたいと思い奮闘していた〈向井〉

込める勝算が見えてきた。

　足で街の感覚を吸収するとともに、橋本は地元の人たちの中にも入っていった。PR戦略会議で出会った世田谷区の担当者から、地元のキーパーソンを教えてもらい、PR戦略会議の各部会の中心人物や商店街の理事、地主、各種団体の代表など約100人に会って話を聞いた。下北沢には小さなコミュニティが多いこと、代沢にある北澤八幡神社の8つの氏子地区「睦会」が政治の住み分けにもなっていること、地元の力関係……。「必要なことはすべて住民から教えてもらった」と橋本は言う。下北沢で住民が再開発に反対した例としては、都市計画道路「補助54号線」▼5を巡る争いがある。下北沢の真ん中を幅26メートルの道路が貫く計画に反発し、区を相手取って訴えた原告団の一人から、7時間にわたって「なぜ私たちは反対したか、区のやり方の何が不満だったか」を下北沢の歴史を交え、こんこんと教えてもらったこともあった（裁判は2016年に和解が成立）。

3-3　担当者向井のジレンマ

　ところで、新しいリーダーの奔走を元からいたメンバーはどう見ていたのだろうか。2015年から跡地開発プロジェクトに関わる向井隆昭は「1、2か月はジレンマがあり、業務時間外にたくさんの時間をとって橋本と話をした」と打ち明ける。「計画はすでにあって、このまま進めても開発はできるのに何で一部の計画を止めるんだ、という反発はありました。でも、地元の声を反映していない、もっと先の未来を見ないといけないと言われると反論できない。それに、橋本の考えはただの不動産開発にとどまらず、もっと街と密接に関わり、人が生き生きする姿をつくり、長期にわたって街の価値を高めることだと徐々にわかってきた。自分も本来そういうことがやりたかったんだと気づかされ、だんだんワクワクしてきました」。

　橋本にならって街に入るうちに、当時20代だった向井ならではの気づきもあった。劇場「ザ・スズナリ」の1階にある「鈴なり横

▼5　補助54号線
1940年に計画され、1946年に都市計画決定された東京都の都市計画道路。第1期工区〜第3期工区からなる段階整備計画であったが、第2期、3期工事は2016年度から2025年度までの10年間に東京都が優先的に整備すべき路線、優先整備路線から除外された

丁」で飲んでいた時のことだ。この場所は、まだ最終決着していない都市計画道路「補助54号線」の予定地と一部が重なっており、将来的に立ち退きを迫られる可能性がある。行政やデベロッパーに対して憤りがあるだろうと思って警戒していたところ、バーを何店舗も経営する40代のオーナーは極めて冷静だった。

「"ここがダメになったら、よそでやればいい。街がよくなるんだったら、再開発もいいんじゃないの"という感じで、すごく柔軟性があった。自分の好きなことをたくましくやり続ける姿勢に、単純に"かっこいいな"と思った」。

街づくりには全国的にみても、高齢世代が積極的に関わる傾向が強い。PR戦略会議の常連も50〜60代以上が中心で、30〜40代の街場の経営者とは、不思議なほど接点がない。

「僕からすると、もっと若い人こそ自分が住んだり活動したりする街に関わることができればいいのに、という思いがありました。30〜40代の生き生きとしている人の姿って、20代の若い人たちは憧れるじゃないですか。そういう人が多い街ほど、"あの人みたいにやってみたい"と次の世代を惹きつける。シモキタには"かっこいい大人"がたくさんいますし、さらに呼び込むことで、その下の若い世代も必然的に集うサイクルをつくり、20〜40代の方々も自分ごととして関われるような場所をつくりたいと考えるようになりました。

3-4　向井による代田開拓

向井の思いはやがてプロジェクトの構想を練り直すうえで、「U29（29歳以下の若者）」こそ、これからの街づくりに欠かせない存在だという重要なターゲット設定につながっていった。

また、小田急電鉄の窓口を北沢・代沢エリアでは橋本に一本化する一方で、代田エリアには向井が積極的に入っていった。代田はかつて下北沢をしのぐほど商店街に勢いがあったが、環状7号線の開通で街が分断され、駅前もシャッター商店街と化してしまった歴史[6]がある。にぎわいを取り戻そうと、2012年から全国の職

▼6　代田の歴史
1927年、小田急電鉄 新宿〜小田原間が開通。この地に世田谷代田駅（当時の名称は世田ヶ谷中原駅）が設置された。これを機に世田谷代田駅から新代田駅に至る約500メートルに及ぶ堀之内道沿いに「中原商店街」が形成。最盛期には200軒ほどの店舗が連なって繁栄したとされる
やがて、1964年東京オリンピックに向けた「オリンピック道路（環状七号線）」の整備が始まり、工事は堀之内道を拡幅する形で実施された。環状七号線による代田地区の東西分断の影響は大きく、今では代田は閑静な住宅地として知られる

人やクラフト作家を招いた「世田谷代田ものこと祭り」が催されており、中心メンバーの南秀治さんに食をテーマにした複合拠点「世田谷代田キャンパス」の開業イベントを打診するところから、向井の"代田開拓"は始まった。

「最初は"大手の開発に巻き込まれる"とかなり警戒されました。でもイベントまでの3〜4か月間、毎週代田に通ううちに、ご自身も作家である南さんの『よそから来た自分を工房ごと受け入れてくれた街に恩返ししたい』という思いを知り、街づくりに対する僕の思いも話し、人と人としての関係を築いていった気がします」。

2019年4月に世田谷代田キャンパスが先行開業したあとは、逆に向井が世田谷代田ものこと祭りをサポートする側に回って、活動場所を提供したり、駅にポスターを貼ったり、駅員のブース出店を調整したりと交流を続けた。ある日、南さんに「向井さんや橋本さんは、僕にとってとても大切な人になりました」と言ってもらえたことが、向井には深く心に響いている。

キャンパスのテナントが1店抜けてしまうピンチに陥った際には、南さんの知り合いを通じて青森県の農家にツテができ、こだわりの生産者直送の食材や雑貨を扱う「DAITADESICA フロム青森」のオープンにつながった。実はこの経営には南さんも携わっており、店名も南さんが代田で営む道具店「ダイタデシカ」の屋号を頂戴したものだ。

「下北線路街に地域も巻き込んでいきたいという思いが初期からあり、図らずも代田で達成することができました」。偶然ですけどね、と謙遜しつつ、向井も街へ自ら飛び込むことで輪が広がっていく手応えを、確かに感じていた。

新鮮な青森食材や食にまつわる雑貨を扱うDAITADESICA フロム青森

写真：nao mioki

04 | 全体構想を策定する

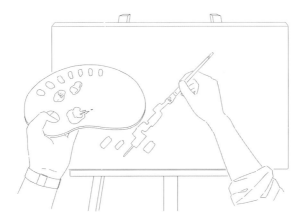

4-1 「街を知る」から「構想を練る」へ

　プロジェクトをのちに振り返った時、橋本は開発を3つのフェーズに分け、〈街を知る〉段階だった1年目を「フェーズ1」と名づけた。まだスタートラインにも立っていないインプットの時期という位置づけで、地元では小田急電鉄としての意見は一言も言わず、「ひたすら話を聞き、吸収することに徹した」。

　と同時に、現地調査でつかんだ地域の課題やニーズをもとにプロジェクトの構想を練り直し、跡地開発によって何を目指すのかをチーム内で明文化していった。それが2017年10月に策定した「全体構想〈フェーズ2〉」だ。

　独自の文化で人気を集める下北沢を"沿線ブランディングの要"になるエリアと設定し、線路を地下化した跡地の活用によって"シモキタらしさ"をさらに進化させていくことをプロジェクトの基本方針とした。

　"シモキタらしさ"とは、年齢や職業、価値観や生活習慣さえ異なる人々が自然と混在する、よい意味での街の"雑多感"を指す。その良さを減ずることなく、より高めるために「住む／働く／遊

ぶがミックスされた次世代のシモキタライフを実践できる環境の提供」に開発の狙いを定めた。キーとなるのはU29（29歳以下の若者）の視点だ。これからの街をつくり、使う世代が憧れる"カッコイイ大人"がいること＝生き方のベンチマークを感じられる場所こそ、今後の街づくりに欠かせないと考えたからだ。

　個性的な街とされる下北沢にも課題はある。少子高齢化に伴う空き家の増加は東京も避けられない問題の一つで、総務省の住宅統計調査（2018年）によると都の空き家数は80万戸を超え、総住宅数の10％を占めている。2017年時点で子供のいる家庭の半数以上を占めるようになった共働き世帯は、より良い子育て環境を求め、また、夫婦共働きで子供のいないDINKS世帯の増加も相まって、余暇時間を町内会や自治会など従来の近所づきあいに費やす人は減少している。一方で、世田谷区がNPOなど地域活動への興味を住民に尋ねたところ、「参加している」「参加していないが、興味はある」と好意的な層が5割近く（世田谷区民意識調査2009）、コミュニティは質的変化を余儀なくされている。

　下北沢に的を絞っても、プロジェクトチームの現地調査で、家賃の高騰により街にチェーン店が増え、シモキタの文化を消滅させかねない"無個性化"が進んでいることが明らかになった。大手

街の成り立ちや住民の意識、人の流れが分かってくると、この辺りにこんな機能を置けば、あの人たちが来てくれるはず、とイメージできるようになった（橋本）

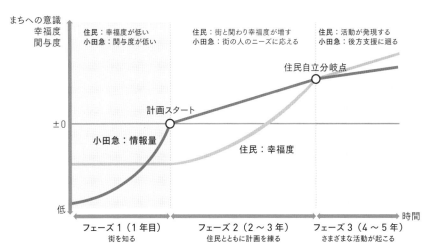

橋本が設定したコミュニティシップ成長曲線（3フェーズ）

まちへの意識
幸福度
関与度

住民：幸福度が低い
小田急：関与度が低い

住民：街と関わり幸福度が増す
小田急：街の人のニーズに応える

住民：活動が発現する
小田急：後方支援に廻る

住民自立分岐点

計画スタート

±0

小田急：情報量

住民：幸福度

低

時間

フェーズ1（1年目）
街を知る

フェーズ2（2〜3年）
住民とともに計画を練る

フェーズ3（4〜5年）
さまざまな活動が起こる

資本による通常の再開発はこの流れを助長しがちだが、橋本らは開発で生まれる新しい施設を街から分離させず、シモキタの個性の維持に役立つ〈場〉にしようと考えていた。

4-2　20分圏ネイバーフッド

　主たるターゲットとするのは、東北沢、下北沢、世田谷代田の各駅から半径1キロメートル以内のエリアだ。現地を歩いて調査した感覚から、徒歩20分で行ける範囲を全体構想上のネイバーフッドとした。さらに、潜在的なユーザーについて、街との関わり方の違いから「住む／働く／遊ぶ」と「既に／これから」をクロスさせて4つに分類。近辺に住んでいて音楽や演劇に関心があり、よく下北沢に遊びに来る層を「A.下北好き」、下北沢を知ってはいても来たことがない層を「B.下北未経験」、街に魅力を感じていても経済的な理由や子育て環境から住むのをためらっている層を「C.コミュニティポテンシャル」、昔から戸建て住宅に住んでいるシニア夫婦や街の雰囲気を気に入って越してきた世帯を「D.既存コミュニティ」と分け、最も重視するメインターゲットを「D.既存コミュニティ」と設定した。

　広域からの集客を第一とした開発なら、注力するのは主にBやCの街との関わりが薄い層だ。新規顧客の獲得につなげるためで、既存ユーザーはあまり重視されない。しかし、橋本らは「住んでいる人たちが生き生きとしていることこそ最も大切」と力を込める。「地元の日常は非地元民にとっては非日常。日常の暮らしが充実していれば充実している程、A、B、Cにアピールする最大の効果がある」。街の文化や雰囲気づくりの担い手であるD層を分厚くすることで、新しい価値の担い手を招き入れ、相乗効果で街の魅力を高めていこうというわけだ。

4-3　これまでのゾーニング構想を見直す

　では、そのための仕掛けとして線路跡地に何を作るのか？　2013

地元の日常は来街者にとっては非日常。だったらシモキタらしい日常にもっとこだわればいい（橋本）

年のゾーニング構想では駅ごとの3エリアに分けていたが、新たな全体構想では地域の特性から4つのエリアに設定し直した。西から、戸建てが多く高齢者やファミリー、単身者がバランスよく暮らす世田谷代田駅周辺の「くらしのエリア」、住宅街と下北沢駅のにぎわいに挟まれた「シモキタとくらしの中間」、下北沢駅周辺の「THEシモキタ」、下北沢と代々木上原の間にあり、現状は商業的な特徴のない東北沢の「シモキタの白いキャンパス」だ。線路跡地全体ではD層「既存コミュニティ」の拡充を基軸としつつ、それぞれの地域ごとにエリアターゲットを設定し、開発の方向性を定めていった。

　各エリアを具体的に見ていこう。まず、世田谷代田の「くらしのエリア」。住宅街であるこのエリアのメインターゲットはDとC層だ。既存コミュニティが住み続けたいと思い、さらに地域外の住民、特に子育て層が住みたくなるようなコンテンツをそろえようと、保育施設や食物販施設を計画。現在、温泉旅館「由縁別邸 代田」があるブロックだ。

開発ターゲット設定 「誰を幸せにすればよいのか？」

	住む	働く	遊ぶ	
既に	**D** 既存コミュニティ		**A** シモキタ好き	= エリアの文化や雰囲気づくりの担い手
これから	**C** コミュニティポテンシャル		**B** シモキタ未体験	= 新しいマチの価値の担い手

"新しい価値の担い手"と、"エリアの文化を育て・維持する担い手"がともに創出され、共存する循環をつくる

次に下北沢駅の南西口の「シモキタとくらしの中間」エリア。こちらもメインターゲットはD、C層だが、特にエリアの価値を高める役割を担うゾーンとして他の街にはない下北沢らしいコンテンツが求められた。計画されたのは、長屋をイメージした「個人商店チャレンジブロック」（後のBONUS TRACK）だ。下北沢で自らの店を持ちたい若い商店主やオーナーシェフを応援する施設として、起業しやすい5坪程度の店舗区画と同じく5坪程度の賃貸住宅を2階に載せた、文字通りの現代版長屋の復活である。近年、大手小売業・外食企業によるチェーン店が増えた下北沢において、街の人が待ち望んでいた、個人店主による専門店の街並みだ。さらにもう一つ、社会人と学生が一つ屋根の下で住みながら交わるアクティブラーニングを志向する学生寮「Student House」（後のSHIMOKITA COLLEGE）が計画された。

駅を中心とする「THE シモキタ」エリアは街の中心部らしく、シモキタらしい個性を凝縮して発信する場所だ。ターゲットはAからD層までとし、特に"下北未経験"のA層に向けては、ミニシアターの入る商業複合施設を計画した。これまで下北沢に来たことがない人たちを呼び込み、シモキタ・カルチャーの裾野を広げる狙いもある。

最後に東北沢地区の「シモキタの白いキャンパス」は、B、C、D層をターゲットとしながら、新しいシモキタの担い手となる人たちの拠点づくりをテーマに掘り起こしを狙い、C層を強く意識した。後に「reload」となる高感度層向けの商業施設に加えて、エンターテイメント＆カルチャーを加速させるエンタメカフェ「ADRIFT」や、さまざまな人々が集うホテル「MUSTARD HOTEL」を計画、既存のコミュニティと外から来街する人たちが交わることを期待している。

4-4　エリアマネジメントの考え方

「どこに何を作るか」が見えてきたら、次に重要なのは「どう運営していくか」だろう。エリアマネジメントのテーマとして、橋

小田急が街づくりをするのではなく、街の人が街でしたかったことをできるようにするのが役目（向井）

本らプロジェクトチームが掲げたのが〈自立自走〉だった。

　線路跡地だけで完結するのではなく、地域にも働きかけてシモキタを盛り上げていくことが跡地開発の目標だ。だからこそ、テナント管理だけでなく、既存の商店やコミュニティも巻き込みながら来街者を呼び込むイベントなどの情報発信も必要になってくる。重要なのはその活動に“終わりはない”ということで、継続性の観点からすれば、デベロッパーがスポンサーとなって資金を出し続ける体制では「長続きしない」というのが小田急電鉄の考え方だ。

　それを受けて橋本らプロジェクトチームは、「テナントやここを舞台として新たに始まるさまざまな取り組みを組織化して、独自で収益を生み出せる仕組みにしよう」と計画した。

　全体構想の段階では、各エリアの各施設にどんなテナントが入るか明確に決まっていたわけではない。 全体構想をブラッシュアップしていくのと並行しながら、「街で立ち上がる街の人たちによる街や自分たちのための新しい活動のプラットフォームになる」というスタンスで地域との関わり方を見据えていたのである。

4-5　個人事業主を受け入れる仕組みを考える

　跡地開発プロジェクトの大きな特徴が、小田急電鉄が複合施設においては直接テナントと契約するのではなく、あいだに1社入れたサブリース方式をとっている点だ。収入が多いのはもちろん直接契約だが、小田急電鉄のような安心安全を大事にする鉄道会社では、信用リスクの観点から個人事業者と賃貸借契約を結ぶのはハードルが高い。その結果、入居するテナントは資本力のあるチェーン店ばかりになってしまい、特色ある開発を目指すデベロッパーは総じてジレンマを抱えているという。

　橋本は前々から、モノやサービスの提供者に対する消費者のリスペクトが少ない風潮が気にかかっていた。「“お金を払ってるんだから対価をもらって当然”みたいな態度の背景には、生産者と消費者の距離が離れすぎている点にも一因があるのではないか」と感じていた。跡地開発プロジェクトに加わることによって、下

北沢の魅力の一つは"店主の顔が見える"個店の多さにあるとの思いを確信する。線路が消えて住宅街の真ん中にできた空間に、生活と生業が直結した"長屋"のビジョンが浮かんだのは自然な帰結だった。それがBONUS TRACKに結実していくわけだが、前述したように小商いの店舗を集めるには従来のやり方＝直接契約では実現しない。そこで声をかけたのが「グリーンズ（greenz.jp）」というソーシャルデザインをテーマにしたウェブマガジンを手掛けていた小野裕之さんだった。

「正直に言って、家が背を向けていて駅からの距離もあるこの場所に、商業施設が本当に成立するのか私自身も不安でした。そこでソーシャルビジネスに詳しい小野さんに相談したんです」。

小野さんは、今回の計画に興味を持ちそうな全国の起業家やソーシャルビジネスに携わる友人約20名に声を掛け、2017年12月、まだ何もない線路跡の敷地を皆で歩くワークショップを開催した。そこでは、新たに店舗ビジネスを始めるに当たって、果たしてこの計画は出店場所として魅力的か、どの位の規模や賃料が適切か、上に住むことは好条件になるか、など活発な議論が交わされた。

「ワークショップ終了後、小野さんたち全員と下北沢の居酒屋で食事しながらも議論は続いたのですが、多くの人が出店に前向きな姿勢を示してくださいました。この日を境に、私も計画に対する自信を持つことができ、師走ながらもとても熱い日となりました」。

4-6 チーム全員でリスクを取りにいく

小野さんにBONUS TRACKの入居者候補を紹介してもらう傍ら、橋本らプロジェクトチームは個人事業者を呼び込むにはサブリース方式が最適だという結論に至る。そこから、小野さんをCEOとするマスターレッシー「散歩社」[7]が誕生することになる。当時の模様を橋本はこう語る。

「サブリースにすれば当社側からさまざまなルールで制限することがなくなり、テナント選定やイベントなどマスターレッシーの

「5坪ならワンオペでいける…、売場は広い方がいいので共用部（広場）が活用できれば…、家賃は総額15万円以内なら…」（ワークショップ参加者）

▼7 株式会社散歩社
P98参照

BONUS TRACKプロジェクトスキーム

企画・開発フェーズ

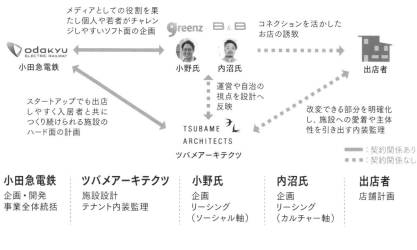

メディアとしての役割を果たし個人や若者がチャレンジしやすいソフト面の企画

コネクションを活かしたお店の誘致

スタートアップでも出店しやすく入居者と共につくり続けられる施設のハード面の計画

運営や自治の視点を設計へ反映

改変できる部分を明確化し、施設への愛着や主体性を引き出す内装監理

```
━━━：契約関係あり
■ ■ ■：契約関係なし
```

小田急電鉄	**ツバメアーキテクツ**	**小野氏**	**内沼氏**	**出店者**
企画・開発 事業全体統括	施設設計 テナント内装監理	企画 リーシング （ソーシャル軸）	企画 リーシング （カルチャー軸）	店舗計画

管理運営フェーズ

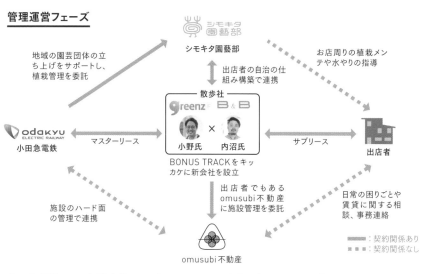

地域の園芸団体の立ち上げをサポートし、植栽管理を委託

お店周りの植栽メンテや水やりの指導

出店者の自治の仕組み構築で連携

散歩社
BONUS TRACKをキッカケに新会社を設立

マスターリース

サブリース

施設のハード面の管理で連携

出店者でもあるomusubi不動産に施設管理を委託

日常の困りごとや賃貸に関する相談、事務連絡

```
━━━：契約関係あり
■ ■ ■：契約関係なし
```

小田急電鉄	**散歩社**	**omusubi不動産**	**シモキタ園藝部**	**出店者**
建物修繕等PM 運営サポート	施設運営	施設管理	植栽管理	店舗運営

自由裁量で運営できます。とは言え、管理を一身に請け負うリスクもあるわけで、小野さんが腹をくくってくれたことには本当に感謝しています」。

　小田急電鉄が、テナントは本来の下北沢らしい個性的な個人事業主やスモールビジネスの人たちを中心とする、そのためにテナントとの契約は直接契約ではなくサブリース方式を採用する、というリスクを取ったのに足並みを揃えるがごとく、小野さんも「本屋B&B」を経営する内沼晋太郎さんという強力なビジネスパートナーを迎えながら、人生初となるサブリース事業に参入するというリスクを取る決意をしたのだ。

　散歩社が中心となってテナントと一緒に広告やイベントをどんどん仕掛け、「私たちがやるより数倍も効果的に街の価値を上げてくれている。BONUS TRACKはメディアに取り上げられることも多く、費用対効果で小田急は十分なメリットを享受している」。

　プロジェクトチームはこのサブリース方式を後に東北沢の商業施設「reload」や下北沢駅前の「(tefu) lounge」にも適用し、街づくりのエキスパートであるUDS株式会社[8]や株式会社GREENING[9]に運営を委ねた。UDSは全体構想の段階から関わる重要なパートナーでもある。

　会社員である以上、橋本や向井らプロジェクトメンバーはいつかプロジェクトを離れる日が来る。小田急電鉄の担当者が変わってもコンセプトが引き継がれるよう、「思いを残す」のもサブリースの狙いだという。「開業から5年経って、大体のテナントの定借契約が満期を迎える頃がカギになります。担当者の異動で方針が変わったら、『賃料を上げてコンビニを入れたら』みたいなことも起こり得ます」と向井は指摘する。開業前からともに歩んできたUDSや散歩社であれば、個店を大事にする意思を継承し、たとえ最初のテナントが退店しても"ポジティヴな2巡目"を迎えられる。

4-7　地元説明「北沢デザイン会議」

　2018年7月1日、小田急線の上部利用計画（跡地開発）について経

商業テナントもインディペンデント、運営主体もインディペンデント、それが地元のニーズに応えることにつながる（向井）

▼8 UDS株式会社
P50参照

▼9 株式会社GREENING
P108参照

過を報告する世田谷区の「北沢デザイン会議」[10]が北沢タウンホールで開かれた。事前に2万枚の開催告知チラシを周辺に配り、住民ら約150人が集まった。

住民主体の「北沢PR戦略会議」と異なり、「北沢デザイン会議」は世田谷区が主導する会議体だ。この日、世田谷区と小田急電鉄、京王電鉄は跡地開発の現状と展望をリーフレットにまとめ、参加者に配布。小田急電鉄のパートは先行していた世田谷代田キャンパスと賃貸住宅「リージア代田テラス」以外は、「商業施設、約何平方メートル」といった最小限の説明だったが、橋本は「まだ会社には言っていないんですけど……」と前置きしながら、「全体構想」の中身のアイディアについて次々と住民に明かしていく。

この情報公開の仕方にも、橋本なりの考えがあった。「地元に入ってわかったのは、"何をやるか"よりも"どういうプロセスでやるか"を気にされる人が多いということ。先に社内で意思決定を取った方が責任感があるように思いますが、それだと逆に『一方的に、勝手に決めた』と怒らせてしまう。"計画を詰めているところです。皆さんの意見を聞かせてください"というスタンスの方が、地元を〈わが街〉と誇りを持たれている人が多い下北沢では受け入れられやすいし、何よりそれが街づくりではないか」。

実際、デザイン会議でも温泉旅館のアイディアに反応があった程度で、各施設への意見はあまり出なかったという。公式な報告の場というデザイン会議の性格もあるが、後日、具体的な話をするためにPR戦略会議の部会などで面談を重ねていく中でも、計画に対する意見というよりは日頃から不満を感じている街のバリアフリー化やゴミ処理問題、トイレの増設、緑化などの改善を求め、小田急電鉄の取り組みを尋ねてくることが多かった。

バリアフリーやトイレ、緑化に関しては、新しく作る施設ごとに対応計画を説明し、ゴミ処理問題については「下北線路街 空き地」にゴミ箱を設置するなどの取り組みを具体化していった。月十数万円の出費になるが、誰もやりたがらないゴミ処理に手を付けることで、小田急電鉄が街にコミットする姿勢、本気度を示したかったのだ。

▼10 北沢デザイン会議
第5回北沢デザイン会議。小田急線上部利用に関する情報など、小田急線沿線の街づくりについての経過の報告と今後の取り組みを案内するために世田谷区が開催している会議

4-8　コツコツと対話を重ねる

　ただ、開発を「やるなら一緒にやろう」という前向きな層との議論は建設的で、ある意味"楽"だったが、難航したのは開発に反対する層との折衝だった。この層は「何か作るなら緑地以外は認めない」「世田谷区のやり方に不満がある」「立体緑地（ハイライン）絶対反対」の3つに分かれた。

　1つ目の"緑地派（PR戦略会議緑部会とは異なる）"との話し合いでは、橋本はもともと共感している緑地の必要性を認めたうえで、「では、誰が管理しますか？」と話を振っていった。世田谷区はコスト負担はできないと明言しており、営利企業である小田急電鉄も持ち出しで管理はできない。住民自らお金を出してまで緑地を維持したいかと言うと、既存の公園ですら毎日通っている人はさほどいない。「会話を重ねていく中で『小田急の計画を見せて欲しい』という話になりました。普通の建物だと緑を増やせないから、下北線路街では工夫して、例えばreloadはあえて中通路を2本作り、テラスも設け、緑の中を散歩できるような作りにします、と計画案をご説明します。ひたすら地道に、長い時間をかけて理解を得ていきました」。

　2つ目の世田谷区のやり方に不満を持つ層は、背景に都市計画道路「補助54号線」問題がある。住民側は2003年頃から「Save the 下北沢」▼11などの反対運動を立ち上げて見直しを求めてきたが、当時の区長は取り合わず、住民に「行政は一方的に決める」と不信感を根付かせることになった。このため、世田谷区も関わる跡地開発にも疑いの目を向け、「いきなり計画図を見せるなんて乱暴だ」「また勝手に決めるんだろう」と不満を募らせていた。3つ目の立体緑地反対も、区との関係がこじれた結果とも言える。

4-9　衝突あっての前進

　これらの反対派に対し、声を無視して開発を進めていく選択肢もあると言えばある。しかし、プロジェクトの目標を街と協働し

> まず話を聞くことから始めた。できることできないことを本音で話した。そうして少しづつ小さな信用を得ていった（橋本）

▼11 Save the 下北沢
2003年、下北沢の街の中心を幅員26mの幹線道路が貫く東京都の都市計画道路「補助54号線」の計画が発表されてすぐに立ち上がった反対運動グループ。発起人は下平憲治さん（P146参照）

てシモキタの魅力を高めていくことに置いている以上、街の人を置き去りにするやり方は採れなかった。"緑地派"と意見交換を繰り返したように、橋本は2つ目、3つ目の反対派とも会合を重ね、住民の意見を取り入れていく小田急電鉄の開発姿勢を説明したり、あるいは、駐輪場の上に築く立体緑地について、片やコンクリートの高架、片やウッドデッキ的な建屋という風に、そもそも行政側と住民側にイメージの齟齬があったことなどを解きほぐしながら、反対派との溝を少しずつ埋めていった。PR戦略会議の部会をはじめ参加した会合・面談は橋本だけで1年余りで200回を超えた。

　「"デベロッパーは口だけで、ハコができたら去っていく"と住民は見透かしていました。でも不動産デベロッパーと違い、私たち鉄道会社はずっと街に存在し続けます。私たちは売って終わり、じゃない。だったら、衝突しながらでも物事を前に進めていくしかありません。相手のプライドを傷つけるような大衝突はダメですが、あえて小さくぶつかっていくことで徐々に融和していくという方法もあります。日本の組織運営はとかく調和を重視するあまり、問題を避けて先送りしてしまいがちです。けれど、衝突しないと先へと進まないこともあるのではないでしょうか」。

　粘り強い交渉によって、反対者がゼロになったわけではない。それでも賛同者は一人また一人と増え、やがてかつての反対派が味方となってデザイン会議やPR戦略会議で橋本たちの"応援演説"をしてくれるようになった。プロジェクトの流れがクリティカルマスに達した瞬間だった。

　住民の意見を取り入れながら、プロジェクトチームは全体構想をより具体的な基本計画、さらに基本設計へと進め事業計画を完成させていく。そして、2018年9月、先行していた代田地区の2物件と、下北沢駅上部商業施設、事業主体が社会福祉法人に移った保育園、期間限定の空き地を除き、8ブロックの事業を社内の取締役会に上申、承認を得るに至った。2017年10月の全体構想策定、小野さんたちとの出会い、地元との意見交換から約1年後のことだった。もちろん開業までにはまだ長い道のりがある。それでも社内のゴーサインを得て、プロジェクトは本格的に動き出す。

衝突はお互い本気だからこそ起こること。調和だけでは物事は進まない、衝突しながら調和していくこともある（橋本）

プロジェクト全体構想、
事業基本計画策定者
が考えたこと

UDS 株式会社 事業企画部
ゼネラルマネージャー

鈴木衣津子さん

text：吹田良平

公園をつくる、雑木林をつくる

　私たちUDSがこのプロジェクトに参加したのは、ちょうど私の第2子の育児休暇が明けた2017年の頃です。

　参加してまず最初に行ったのは、「下北沢とは一体どんな街か」を理解するためのディスカッションでした。担当の小田急電鉄 橋本さん、向井さんたちと、かなりの時間をかけて何度も議論しました。具体的には、すでに橋本さんが街の方々と膨大な時間、会話を重ねていらしたので、いくつものキーワードをお持ちでした。それを受け取って、その意味するところや背景などを一緒に模索しながら、下北沢らしさの解明を行いました。最初

にたどり着いた言葉は、「多様性」「寛容性」「ヒューマンスケール」です。この3つを大切にすることがローカルフレンドリーであることだと考えました。

　次に、施設開発の視点での手法を検討しました。通常、不動産事業といえば、計画地の容積率をフルに活用して、収益の最大化を図ることが一般的です。ところが今回は、開発用地の真下で電車が走っていることもあり、不動産収益を最大化するというよりも、「脱容積主義」「（建物ではなく）ソフト中心」「環境共生」の3つの柱でサステイナブルな開発にしようと話し合いました。これらの検討で導かれたのが、街に溶け込みながく愛される開発にすることでした。

当時は、UDS社内でも何度もブレストを重ねました。そこでは、「施設開発よりも公園をつくろう」という案が盛んに語られていたことを記憶しています。公園とは「誰にでも開かれた場所」であり、「それぞれの人がそれぞれの目的で利用できる場所」ですよね。そこで、プロジェクト全体を公園に見立てて、その中に大小の施設を配置していくことで、ローカルフレンドリーとサステイナブルを実現していこうと考えたわけです。

　そんなUDSの考えを橋本さんに提案すると、橋本さんからも「実は雑木林を作りたいと思っていた」と。橋本さんの頭の中には、線路跡地1.7キロメートルが緑でつながる、というビジョンがあったのです。そうなると話は早い。お互いに公園や雑木林の写真を集めて、イメージの焦点を絞っていきます。その上で、ここでどんなアクティビティが起こりうるか、という視点で街の人たちの活動とそのための場を配置、計画していきました。

主たる対象は地域の人たち

　次の作業は、ターゲットの設定です。

下北沢は表面的には、音楽、演劇、サブカルチャー……といった特性が思い浮かびますが、もう一方で、古くから住む人たちの間では祭りも盛んだし、その人たちの高齢化も進んでいる、また、入れ替わり立ち替わり若い人たちが暮らす人気の住宅街でもあります。橋本さんから、そうした「地元の人の顔や生活」という、街のもう一つの側面を何度もお聞きしました。さてそうした中で、一体誰の幸せを一番に考えればいいのか。

　下北線路街の計画地は、商業集積地である下北沢駅周辺を中心に、東西に向かうにつれて住宅街と隣接します。それを考えると、少なくとも来街者だけに向いた開発ではないことが思い当たりました。それよりむしろ、地域住民の人たちこそ、下北沢の街を形成している真の当事者、言い方を変えれば下北沢をつくっている人たちに他ならない。だとしたら、その方々を支援していくことによって、街がより魅力的になっていくはず。そうすれば、結果として来街者も増える。そのように考えて、開発のターゲットを、「街に住まい、街で働く人たち」と設定して、「街をつくる（形成する）人がさらに増える

こと」「その方々がより活動しやすくなるための場と機会を開発すること」を目指そうと話し合いました。

　背景には、地元の人たちのさまざまな活動の多発こそが、街を魅力的にし、街の求心力を高めていく。そこに魅力を感じて来街者は訪れるのではないか、という考えがありました。

地元の人たちがやりたかったこと

　土管が横たわる「下北線路街 空き地」はそうした考えを象徴する場として誕生しました。街における余白の場です。デベロッパーである小田急電鉄が興行的集客イベントを行う場ではありません。ここは、地元の人たちがやりたかったことのために利用できる場所です。具体的には、レンタルスペース、レンタルキッチン、芝生広場などで構成されています。2019年9月、下北線路街の幕開けは、この空き地から始まりました。そうすると早速、地元の子育てクラブが、空き地利用のアイディアを持ってきてくださいました。そうして始まった親子のイベント

ではどんどん輪がひろがり、今では大盛況。そのほかにも地元のライブハウスが企画したイベントが、オープンな空き地らしいゆるやかな雰囲気で賑わったりと、うまく地元の人のための場になりつつあります。

　下北線路街を訪れる人たちのきっかけはさまざまです。食事が目的の人、イベントが目当ての人、買い物、散歩や日光浴に来る人……。皆、下北線路街を楽しんでいます。皆さんが必ずしも話し合ったり交わったりするわけではありません。でもそこにいる人同士、時間や空間を共有し合う、ある種の共存感覚のようなものを感じることができます。同じ価値観を共有できる人たちのことをコミュニティと呼ぶなら、ここにはまぎれもなくコミュニティ感覚が形成されつつあると感じます。それこそが、小田急電鉄と私たちが当初から思い描いていた、街の人たちの楽しんでいる姿が街の魅力を高め、やがて外から人を惹きつける力となる、という支援型開発の基本思想です。

コミュニケーション戦略立案者
が考えたこと

株式会社パーク
プロデューサー
三好拓朗さん

同 アートディレクター
佐々木智也さん

同 コピーライター
田村大輔さん

text: 吹田良平

左から田村さん、三好さん、佐々木さん

BE YOU.
シモキタらしく。ジブンらしく。

　僕たちが、プロジェクトに参画したのは、2018年秋口。UDSさんからのお声掛けでした。役回りはコミュニケーション戦略の立案とクリエイティブです。すでに小田急電鉄とUDSとで計画した開発構想があったので、それをコンセプトに落としてどのように街に対してコミュニケーションしていくか、それが役目でした。プロデューサー役の自分自身（三好さん）、下北沢に住んでいることもあって、街に対するある程度の理解や愛着をもっての参画でした。

　業務を開始して、まず最初に行ったのは、住民の方々、商店主さん、それから駅前で実施した来街者へのインタビューでした。皆さんはこの街にどんな思いや期待を持っているのか、それぞれの下北沢観を通して、下北沢の資産と可能性を探っていきました。

　例えばそこで集まった声は、「寛容性、受容性、多様性、個が主役、住宅街の中の街なか、人懐っこい、自分ごと化度が高い、ヒューマンスケール、大企業が少ない……」などがあります。

　そこに今度は、下北線路街が新たに提供する価値をクロスさせていきます。そしてその共通点を見つけてコンセプトとして磨いていきました。心がけたのは、決して、開発者側の独りよがりにならな

BE YOU.

シモキタらしく。ジブンらしく。

開発コンセプト

いこと。下北沢らしさを尊重し、あくまでその延長線上で、街の可能性をさらにどう拡張していけるか、という目線を大切にしました。

新たに付加する価値に関しては、小田急電鉄から次のような項目が挙げられました。「防災上の安全性、緑と自然、子育てのしやすさ、チャレンジできる場所、新しいプレーヤーの参入機会、街とのつながり、大人の街、出会いの場、コミュニティスペース……」などです。

これらを重ね合わせ、例えば、「受動的な価値：自分らしくいられるホームグラウンド」や「能動的な価値：さまざまな想いが集まり発酵して新しいものが生み出

される」といった可能性が見えてきました。そして、それらの解釈をより広げていって、「自分らしくいられることも、その気さえあれば自分が変われることも叶うこと」こそが下北沢らしさだと思い至り、下北線路街はその可能性をさらに拡張して行く場、という目指す姿を描きました。

繰り返しになりますが、小田急電鉄の橋本さん、向井さんは、デベロッパーである小田急電鉄が、街の文脈を無視したり、ビジネス上の差別化や競合優位性を優先して、街の人を置き去りにしないよう、「下北沢を変えるのではなく、下北沢の魅力をさらに引き出すための開発」と熱く語っていて、僕たちもそこにとても共

感しましたし、その想いを最大限に汲んだエリアのあり方を模索していきました。

開発コンセプトの「BE YOU.」はそうして生まれました。受動者として、ありのままの自分でもいられるし、プレーヤー（能動者）として、未来の自分にも挑戦できる場所が下北沢であり、そうした下北沢らしさを中心に据えて「下北線路街」という新たなエリアをつくっていきますよ、という宣言が「BE YOU.」には込められています。さらに、ここを開発するデベロッパー、小田急電鉄は、「BE YOU.」化の支援役に徹することが最適解であることから、自らの姿勢を「サーバント・デベロップメント（支援型開発）」と名付けて、インナーワードとして打ち出しました。

地域住民の幸福をゴールに

小田急電鉄の橋本さん、向井さんチームは、街の人たちと本当に深く向き合っているな、という印象が強くあります。例えば、なによりも街の方々に情報をいち早く届けたいということで、プレス発表と同時に地元の人たちに集まってもらっ

て計画発表会を企画したのも、そのひとつの現れですね。「くれぐれもSNSにあげたりしないでオフレコで願います」と、そこまでして地元の方と誠実に向き合っていますし、コミュニケーションの密度が圧倒的だったことも想像できます。

恐らくそれは、プロジェクトのゴール設定の仕方に要因があるんだと思います。開発した施設の完成をもってプロジェクトのゴールとするのではなく、完成はむしろスタートラインで、街の方々や来街者がそこをうまく使って、自分の場所として愛着をもってもらうことをゴールに据えていましたから。

やっぱり、通常は、開発した施設の賃料収入や投資利回り、鉄道利用者増など、商業的な価値を追求すると思うんです。もちろん、それはありつつも、なによりもまず、地域住民の幸福を追求しようというポリシーを明確に感じていました。そのスタンスとゴール設定にこそ、このプロジェクトの革新性があるんだと思います。橋本さん、向井さんはじめメンバーみなさんの強い思いと勇気が、コンセプトから施設の運営にまで一貫していることに、僕たちもとても誇らしい気持ちです。

05 │ 下北線路街、出発

5-1　計画発表「下北線路街」出発

　2019年9月24日、北沢タウンホールで世田谷区、小田急電鉄、京王電鉄が共同会見を開き、下北沢エリアの線路跡地開発計画について計画概要を発表した。小田急電鉄からは星野晃司社長が出席し、ここで初めてプロジェクト名「下北線路街」をロゴとともにお披露目、「BE YOU. シモキタらしく。ジブンらしく。」というコンセプトを打ち出した。

　記者発表に先立つこと7か月、2019年2月には「北沢デザイン会議▼12」で、橋本は参加した住民ら約160人を前に、社内取締役会でお墨付きをもらった線路跡地開発計画について内容を明らかにしている。正式ローンチ前に地元で説明するのは極めて異例だったが、プロセスにこだわる住民の気持ちに配慮したのと、もう一つは"一緒に街づくりをする仲間"という意識を持ちたかったからだ。

　2018年7月と2019年2月のデザイン会議の間は、プロジェクトチームが最も活発に地元に入って開発に対する意見を聞いた時期だった。橋本は「私は鉄道畑なので、工事説明に何時間もかけた

▼12 北沢デザイン会議
第6回北沢デザイン会議、2019年2月16日開催。当日は住民ら約160名が参加した

経験が豊富でタフなんです」と笑うが、それでも、がんがん責め
られ続けるとストレスはたまり、そのたびに道ですれ違った住民
に「顔が疲れてるけど、大丈夫？」などと声をかけてもらったり、
飲みに誘ってもらったりして、「住民の方々の助けがあったから進
めてこられたと思っています」と話す。

　デベロッパーの上から目線ではなく、対等であろうとする姿勢
は、計画発表会の構成にも表れている。タウンホールでの会見の
あと、住民向けの第2部の発表会が同日オープンした「空き地」で
催された。こちらでも小田急電鉄の星野社長がプレゼンテーショ
ンを行い、住民の間に"街が変わる"という実感が湧き起こり、プ
ロジェクトチームとの関係はより深まることとなった。

　「時間をかけて関係を築いてきた私個人としては、ちょっと寂し
い面もありましたが……」と苦笑しつつ、橋本はこの時、「あらた
めて鉄道デベロッパーの信用力を感じた」と話す。「会社として正
式に発表したことで具体性や真実味が増したのだと思います。橋
本の言ってきたことは嘘じゃなかったんだと」

　もう一つ、橋本には嬉しいことがあった。「支援型開発（サーバン
ト・デベロップメント）」という概念は正式ローンチで初めて明かした
ものだったが、「Save the 下北沢」代表の下平憲治さんが「これだ
よ、よく気付いてくれた！」と"べた褒め"してくれたのだ。Save
the 下北沢は「補助54号線」反対運動から街の再開発問題にも取
り組んでおり、下平さんとはこれまで幾度となく顔を合わせてき
たものの、どこか信頼されていない、心の距離を感じていた。「そ
の下平さんに『やっとわかったな』と言ってもらえて、一線を越え
た"仲間"になれた気がしました。デベロッパーはサポート役でよ
い、という考え方に確信を持てた瞬間でした」。

5-2　世田谷区とのさらなる連携を目指して

　今回の記者及び地元発表会は東京都や世田谷区、さまざまな民
間団体などのステークホルダーが一堂に会する場でもあった。こ
の日を境に、東京都と小田急電鉄の共同事業である「連続立体交

差事業」「複々線化事業」は終了し、以降は世田谷区と小田急電鉄による「下北沢地区上部利用計画（跡地開発事業）」に正式移行することになる。

　プレゼンテーションの最後のスライドは、BONUS TRACKを鳥瞰で描いたイラストだ（下図）。現地を歩いても利用者には一体のエリアに見えるが、実はBONUS TRACKの敷地には幅4メートルの区道が接している。緊急車両用の道路だから重要とは言え、商用利用は不可など活用面でのハードルは高い。「一体で運用できれば、イベント開催時にイスを出したり、提灯を飾ったり、キッチンカーを呼んだり、面白い仕掛けがもっとできるはず」と向井は確信している。折しも新型コロナウィルス感染症下で屋外空間への注目は高まっている。BONUS TRACKがイラストのように区も小田急電鉄も一体となってにぎわう日が近いことを、ぜひとも期待したい。

5-3　全体構想から開発計画へ

　開業に向けて走り出した下北線路街は2017年の「全体構想」から理念も中身もアップデートされ、2019年9月に正式発表された「開発計画」には地元との対話を通したコンセプトの進化が見てとれる。

　まずは、線路街の"外"、周辺地域との関わりが濃くなった。元より街づくりへの寄与は掲げていたが、より具体的に「下北線路街が儲かればよい」のではなく、自らやりたいことを明確に持っ

住民にとっては小田急の敷地だろうが世田谷区の敷地だろうが関係ない。小田急がこうしたいからではなく、地域がやりたいことを実現できる場にするべき（向井）

BONUS TRACK 将来構想図

下北線路街のロゴマーク

下北線路街

開発コンセプト

BE YOU.
シモキタらしく。ジブンらしく。

01.

であう
を支援する

さまざまなヒトやモノ、コトとの
出会いを通じて
いろんな個性を発見できる

02.

まじわる
を支援する

地域やコミュニティの枠を越え
それぞれがつながり合って
刺激しあう

03.

うまれる
を支援する

新たな絆やチャレンジなど
シモキタらしい
なにかが生まれていく

開発テーマ

サーバント・デベロップメント
「支援型開発」

下北沢エリアの街を"変える"のではなく、
街を"支援"することを目指す

ているシモキタの人たちに向けて、活動のための場と機会を整備することを開発の第一義とした。また、周囲の商店街とも連携し、相互にお客さまが行き来するような関係づくりを目指した。そこで重視したのは、ハコの大きさに捉われない人間の身の丈にあった脱容積主義と支援型開発だ。街に溶け込み、長く愛され、持続可能な"シモキタらしい開発"をテーマとした。

　プロジェクトのゴールは何か？　着目したのは「幸福」だ。あるエビデンスに基づいた研究成果[13]によれば、"人は自分がしたいと思っていることを実行に移しているときが最も幸福を感じる"という。1人でも多くの街の人が、そうした幸せを実感しながら毎日を過ごしたならば、その街は活力に充ちて、多くの困難を乗り越えていけるに違いない。そして、東京中を見回した時、シモキタは古くからそういう人が多く集まる場所だと、橋本は感じていた。

支援型開発のスタンスは、ある種、鉄道会社が取り組む街づくりとしての使命なのではないか（橋本）

5-4　コンセプトは「BE YOU.」、姿勢は「支援型開発」

　ここで改めて下北線路街のコンセプトを紹介しよう。開発コンセプトとは、街を開発する小田急電鉄が目指すべき街のゴールを表したものである。

　プロジェクトチームは、まず住民、来街者インタビューを実施し、そこで挙げられた多様性や寛容性、ヒューマンスケールなどを背景に、"自分らしくいられる街"というキーワードを導き出した。さらに、多様性を今以上に尊重する街、つながりの機会が今以上に増える街、という視点から、「BE YOU. シモキタらしく。ジブンらしく。」、つまり、シモキタで最もシモキタらしい街を目指すという考えに至った。

　では、コンセプト、「BE YOU. シモキタらしく。ジブンらしく。」の実現を目指す小田急電鉄の開発姿勢はどうあるべきか。一方的に"日本初進出"のテナントを持ち込んだり、表面的な"ライフスタイル提案"をして自己満足に浸るような真似はできない。"下北沢を変える"のではなく、下北沢を肯定して、下北沢の魅力をさ

▼13 研究成果
株式会社日立製作所フェロー、株式会社ハピネスプラネット代表取締役CEO 矢野和男氏の研究による。P170に関連する内容の鼎談を収録

らに引き出す役割を担うべきではないか。そうした考えから、自らの開発者姿勢を「支援型開発＝サーバント・デベロップメント」と位置付けた。下北線路街は、これまでのシモキタ、これからのシモキタらしさの象徴として、"であうを支援"したり、"まじわるを支援"したり、"うまれるを支援"する小田急電鉄と地域住民、下北沢で働く人、下北沢を訪れる人それぞれがやりたいことに取り組むプラットフォームを目指したのである。

コンセプトの進化に伴って、施設の配置にも変化が見られた。1.7キロメートルの区間で4つに分けていたエリアを3つに再編集。地元住民をメインターゲットに据えるのはそのままに、"地元の人が欲しいと思える未来の日常"の実現を目指す街づくりを念頭とした。背景には、街をつくるのは地元の人、街の主役は地元住民であるという考え方とともに、"街の人の日常は街の外の人にとっての非日常"であり、そんな街は外の人にとっても魅力的に映り、行ってみたくなるはずという確信があった。この考え方の下で、小田急電鉄は地元の声やニーズに徹底的に寄り添う、サーバントに徹する姿勢に迷いがなくなる。個人商店を積極的に取り入れるサブリース方式も、あえて容積を使い切らない脱容積主義も、街の人がチャレンジする舞台となる余白の整備も、街に不足している緑を増やすことも、全てその一環と言える。

では、13あるブロックはどんな施設になったのか。変遷も含めて各ブロックの最終形を具体的に見ていこう（「下北線路街全ブロック施設カタログ」P82〜96）。

5-5　新しいエリアマネジメント手法への挑戦

下北線路街を管理・運営する方法もブラッシュアップされた。小田急電鉄は「全体構想」の段階で街づくり活動の〈自立自足〉を掲げたが、それをさらに発展させ、下北線路街をはじめとする街づくり事業を一気通貫で担う「エリア事業創造部」を2021年4月に発足した。2022年3月現在、橋本と向井の所属している部署で、ここが下北線路街を一元管理することで、建物ごとに異なる管理

体制から脱却し、より迅速にエリアと向き合うことができる仕組みを整えた。

BONUS TRACKの隣にある駐車場を例にとると、BONUS TRACKでイベントを企画し、駐車場を会場として使いたい場合でも、駐車料金の収入減を理由に断られてしまえばおしまいだ。これが一元管理であれば、ワンストップで企画を吟味し、ゴーサインを出せる。車十数台分の敷地は小さく見えるかもしれないが、駐車料金という実入りだけでなく本来の用途を超えた利用計画も見越して、同部署は駐車場の管理権を確保した。実際、BONUS TRACKを運営する散歩社が夏祭りを企画した時には、アマビエの巨大やぐらを組むのに駐車場が大活躍した。植栽管理、商業施設管理も同様だ。

5-6　地域価値創造企業に向けて

小田急電鉄は開業100周年を迎える2027年に向け、「地域価値創造企業」へのシフトを新経営ビジョン[14]に掲げている。新型コロナウイルス感染症による人々の行動変容や温暖化など事業環境の変化に応じるためで、「沿線や事業を展開する地域とともに成長し」「新しい価値を生み出す企業に進化していく」ことを目標としている。小田急電鉄は、新しい経営方針を踏まえ、エリア事業創造部を立ち上げている。不動産開発事業における施設単位での事業採算だけでなく、街づくり視点で"地域価値全体最適"を追い求めることも重要であるという認識からだ。

ただし、エリア事業創造部が下北線路街のエリアマネジメントを直接的に担うかと言うと、そうではない。繰り返すが、橋本らプロジェクトチームが目指す街づくりとは施設経営でなく、あくまで街の人たちの"やりたい"を実現する場と機会を提供して、その後方支援をすることであり、街が存続する限り終わりはない。アクティビティを仕掛けるエリアマネジメント業務を小田急電鉄が直接担ってしまうと、トップダウンで「小田急のやりたいことに地域が参加する」形になりかねない。小田急電鉄が去れば、当

エリアマネジメントが目的になるとうまくいかない。その地域や人々がイキイキとしている状態を継続するための手段である（向井）

▼14 新経営ビジョン
小田急グループは2021年4月、新経営ビジョン「UPDATE 小田急 〜 地域価値創造型企業にむけて〜」を発表した

然、活動も止まってしまう。

　そうならないために、エリア事業創造部はあくまで下北線路街の窓口にとどまり、実際の活動の企画や運営は散歩社や各種サークルなど地元の有志に委ねるスキームを現実のものにしようとしている。街づくりの主体者を小田急電鉄1社に限定せず、NPOや企業など複数がその機能を担うことで多様性が生まれ、住民や街の事業主も何らかの活動に参加する当事者になり得る。「自分のやりたいことをしながら、自分たちの暮らしを楽しくできる」形でエリアマネジメントが機能し、開発主体の小田急電鉄も、地域主体の住民も、各種活動を主催する団体も "三方よし" で街が発展していくのが理想形だ。その成果の一つが先に挙げた散歩社運営のBONUS TRACKであり、散歩社発案で行われた夏祭りだった。開催にあたって小田急電鉄のやったことと言えば「数日前から駐車利用の停止を告知してイベントに駐車場を貸し出しするぐらい」で、「長期駐車の車が直前まで出庫せずに焦りましたが（笑）」と向井は振り返る。

　開発の3段階で、橋本は下北線路街が開業した現在を〈フェーズ2〉の後半と見なしている。小田急電鉄の手を離れたところから街の人たちによる新たな事業が生まれてくる〈フェーズ3〉に向けた助走期間という位置付けだ。時間はかかるが、「街づくりの自給自足が可能になれば、当初のコンセプトを継承するだけでなく、検証・成長・進化が期待できる」。その萌芽はすでに育ちつつある。

開発スタイル

価値をもたらす主体	地域のプレーヤー
開発の役割	地域の持つ本来の魅力をより引き出す（いろいろなヒトやモノ、コトをつなげる）
スタイル	地域の価値観を重視し、支援する
ゴール	地域のエンゲージメント（愛着）を育む

06 | 街の人による、
街と自分のための活動

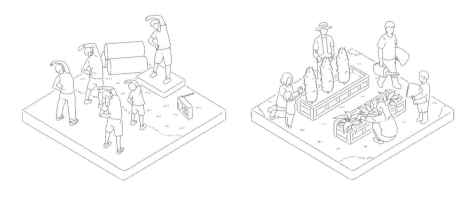

6-1　街を使いたい人が動き出す

　助走期間の〈フェーズ2〉から自立自走の〈フェーズ3〉へ。ステップアップの要となる地元有志たちの活躍の足音は、まず一つ、下北線路街の顔である「下北線路街 空き地」から早朝に聞こえてくる。

　毎朝8時半を回ると、空き地には多い日で数十人が集まってくる。2019年9月の空き地オープン当初から続くラジオ体操だ。準備体操からラジオ体操第一、第二までこなして約30分、新型コロナウイルス感染症下ではオンラインも駆使しながら開催を続け、下北沢の新たな朝の風物詩となっている。

　きっかけは2019年9月の正式計画発表の際、住民向け説明会でアンケートを取った「空き地でやりたいこと100」。空き地の使い方について住民に銘々やりたいことをポストイットに書いてもらいボードに貼り出すと、「映画上映」や「花火」などのアイディアに交じって「ラジオ体操」が何件かあった。誰しも馴染みのあるラジオ体操なら、ラジカセと広場さえあればできる。「何人来るか分からないけど、とにかく始めてみよう」と、向井ら空き地チームがスマートフォンからラジオ体操の曲を流してスタートさせたとこ

やってみたいことを言える場や実現できる環境づくりが重要（向井）

下北線路街空き地利用
募集ポスター

ろ、1週間と経たないうちに全国ラジオ体操連盟公認の1級指導士の資格を持つ大棒京子さんが「私が書きました」と手を挙げてラジカセを持ってきてくれたという。駅前の道路事業予定地をオープンスペースとして活用する「下北沢リンク・パーク」のメンバーも加わり、以降は空き地のゲートの開閉から体操指導、開催の告知まで、一切の運営を住民が担っている。

こうした活動は下北線路街のあちらこちらで生まれており、その数は下北線路街が本格稼働した2021年には20ほどに上る。下北線路街というハコを作って終わりではなく、ハコを舞台に住民や街で働く人たちのやりたいことを支援し、街を面白くしようという「支援型開発」の理念が具現化している形だ。

空き地ではラジオ体操の他にも月に一度の週末フードマーケットが開かれたり、音楽ライブがあったり、子ども向けの体験コーナーやショップが集まるイベントが催されたり、週末ともなれば"必ず何かが行われている"場所になりつつある。

6-2 住民主体の活動のための舞台

空き地の運営はUDSが担い、自ら企画するイベントもあれば、持ち込み企画も積極的に募っており、ステージのある芝生エリアは平日は1時間2万円、休日は同3万円で貸し出している。小田急電鉄はパートナーという立ち位置で、チラシの掲出に協力するなどサポートはしつつも、あくまで主体は住民だ。下北沢の街の外から「貸してほしい」という要望が来ることもあるが、そこはシビアに企画内容や主催者の資質を見極めている。一方で、地域団体には使用料を減額する気配りもしており、硬軟織り交ぜた運営方針が、途切れることのない多彩なアクティビティを支えている。

当初2021年3月までの期間限定だった空き地は、地元から存続を求める署名が200件以上集まったこともあり、クローズが"当面延期"となった。コンセプトに掲げた〈みんなでつくる自由なあそび場〉は、文字通り「やってみたい！」に応える場として、下北沢になくてはならない存在となっている。

一人ひとりが、やってみて得た新たな気づきや出会いを次の行動につなげていく。それが繰り返されながら他の人と混じりあうことで、本当の意味で街が活性化されていく〈向井〉

街の人による、
街と自分のための活動

下北線路街がきっかけとなり、地元の人々によって街を舞台に動き出したアクテビティの一部をご紹介。

下北線路街

提供：一般社団法人シモキタ園藝部

シモキタ園藝部

下北線路街の緑を豊かにする活動から始まった地域内外の有志によるコミュニティ。線路街にとどまらずシモキタの街を緑豊かにするためにワークショップや植物に寄り添った植栽管理など幅広く活動中。園芸のプロから初心者まで、部員は約60名（2021年12月現在）。北沢PR戦略会議 緑部会と協働し、2020年4月に任意団体として発足。2021年8月に一般社団法人となる。2022年春、下北線路街の「NANSEI PLUS」に拠点施設がオープン予定。

写真：iStock.com/Farknot_Architect

まちのコイン「キッタ」

街のイベントや活動に関わることで獲得できる地域コミュニティ通貨「キッタ」を介して、街と店、人をつなげる取り組み。子育て拠点ではコインと引き換えに日用品がもらえたり、お店では特別な体験ができたりする。キッタの交換を通じて、シモキタの人々の、幸せの総量を可視化することを目的とし、小田急電鉄が運営団体として地域のつながりを創出。

下北線路街 空き地

シモキタおやこのまちつどい市

一般社団法人北沢おせっかいクラブと下北線路街空き地運営チームで主催する、親子で楽しめる大人気イベント。子どもにとっては遊びの天国、親にとってはくつろぎの空間。毎回多くの親子連れで賑わう。定期的に開催され、2022年3月で7回目を迎える。

写真：nao mioki

ラジオ体操

下北線路街空き地にて、毎朝8時半から約30分、晴れても雨でも365日開催（Zoomによるオンライン配信も実施）。若者から年配まで参加者の年齢層は幅広く、2駅先の代々木上原から参加する人も。朝に弱い（？）シモキタのイメージ払拭。

BONUS TRACK

提供：BONUS TRACK

お店の学校

個性的なお店の集まりであるBONUS TRACKを舞台に、「いいお店」について探求する創業支援オンラインスクール。講師を務めるのは、全国人気店の経営者約10人。30名強の受講生が学ぶ。図らずも、昭和初期の下北沢には、職業訓練施設「店員道場」が存在していた。

写真：ジェクトワン

ナワシロスタンド

BONUS TRACKに支店を持つomusubi不動産による周辺空き家活用プロジェクト。飲食店舗を持ちたい人のチャレンジを応援するシェアレストランで、曜日毎に店主が変わる。シェアキッチン・ポップアップ出店者など将来的にお店を持ちたいと考えている店主の次のステップの場にもなる。

仁慈保幼園

提供：世田谷代田仁慈保幼園

jinji-jin（じんじじん）

「大人が生き生きしている姿を見せることがよい教育につながる」をテーマに立ち上がった、世田谷代田仁慈保幼園保護者たちのサークル。趣味や特技を活かし、保幼園内コミュニティスペースでの発表やワークショップ、ギャラリーなどでの展示を行う。

SHIMOKITA COLLEGE

新世代賞

作家辻仁成氏（下北沢出身）が主宰する、若手クリエイターのための新人賞。第5回目の2021年は、SHIMOKITA COLLEGEの寮生が実行委員となり開催。同COLLEGEに1か月無償で入居することができる「SHIMOKITA COLLEGE賞」も設けられた。

世田谷代田キャンパス

世田谷代田朝市

毎月第二・第四土曜日開催。出店するお店同士が協力し、世田谷代田キャンパスにショップを持つ東京農大ゆかりの産物と青森県の農海産物が揃うマルシェイベント。生産者と直接触れ合えることや普通のスーパーでは見かけないものもあり、地域の方々から多くの支持を得ている。

07 | 持続可能な街づくりの新手法

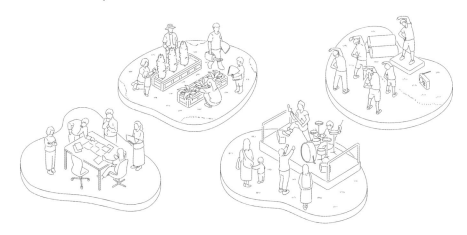

7-1　街づくり活動の自立自走モデル

　ラジオ体操に携わる下北沢リンク・パークは北沢PR戦略会議の「駅前広場部会」が母体となっており、同じように戦略会議から派生したアクティビティは他にもある。「緑部会」を前身とする「シモキタ園藝部」がそれだ。ここには小田急電鉄が考える"街の人に当事者になってもらう"運営スタイルが顕著に表れている。

　緑部会は元々、線路跡地開発計画に対して緑化案を出したり、街なかに緑を増やす活動に取り組んできた経緯がある。跡地開発で街の緑化を望む声はPR戦略会議などでも多く、プロジェクトチームは緑部会に線路街の緑化にも引き続き関わってもらえたら、と考えた。そこで、空き地のランドスケープデザインを手掛けた株式会社FOLKとつなぎ、交流を深めてもらった。

　園藝部は2020年3月に発足し、現在、部員は約60人いる。空き地とBONUS TRACKをメインの活動場所としながら、花植えやコンポストの整備をする他、クリスマスリース作りなどのワークショップ、プロから剪定や種集めを学ぶ「朝活園藝教室」などを開いている。園藝教室やワークショップは有料で、これらのイベン

株式会社FOLK 三島由樹代表取締役。シモキタ園藝部の運営を担う

トによる収益を糧に2021年8月、一般社団法人化を成し遂げた。

小田急電鉄は法人化した園藝部に下北線路街の緑の管理を一任する予定で、下北線路街の一角に拠点も建設している。助走期間こそ小田急電鉄が植栽等の管理業務を発注したり、拠点を整備したりする形でサポートはするが、自主イベントや事業による自立自走を前提に拠点の建物の賃貸料もしっかり徴収する。「外部の植栽管理会社に緑の管理を委託するより安くなるし、携わる方だって"自分たちの緑"の方が愛着もわく。自立に多少の時間はかかっても、地元の人たちに関わってもらうメリットは大きい」。

ここに、通常の"施設の開発重視"のデベロッパー事業と、ハコが建ったあとこそ力を注ぐ"運営重視"の小田急電鉄の街づくり事業との大きな違いが見て取れる。一般的なデベロッパー事業であれば、ビルを建ててテナントを入居させれば、あとは手間のかからないグループ管理会社に運営管理を委託して終わりだが、下北線路街を街の中でさまざまな活動を引き起こすプラットフォームとして捉えている「支援型開発」の場合、熱量の高い地元の有志に運営管理を任せた方がアクティビティやサービスが持続すると考え、建てたあとの"日常"と"取り組む人"を重視しているのだ。街づくりとデベロッパー事業は同じ姿勢ではできない、全くの別物だという指摘は、これからの地域社会を考えるうえでとても重要なことを示唆している。

「園藝部は街の緑化活動の自立自走モデル」と橋本は期待を寄せる。拠点は2022年4月にオープン予定で、園藝部では自立を見据えて「ハーブティーをつくってみては？」「養蜂は？」と新たなビジネスアイディアを練っている最中だ。

> 全ては活動が自立自走するための取り組み。活動主体が自立自走できて初めてその継続性が担保される（橋本）

7-2 街への愛着を高めるために

下北線路街にとどまらず、シモキタの街を舞台に広がりつつあるアクティビティもある。まちのコイン▼15、「キッタ」だ。

まちのコインと言っても、法定通貨に換金できるわけではなく、やり取りはすべてアプリ上で完結。キッタをもらえるのは、例え

▼15 まちのコイン
面白法人カヤックが開発運営するコミュニティ通貨（電子地域通貨）サービス

ば取り組みに参加している飲食店の口コミ投稿や、地域活動への参加、エコバッグの持参、フードバンクへの食品提供といった"街のためにちょっといいこと"をした時だ。貯めたキッタは、お店での特別な体験やイベント参加などに使用できる。

　自治体の場合はSDGsの促進事業として導入したケースが多いが、地域によって自由に使い方を設定できるのが特徴で、2021年7月に下北線路街が主導して始めた下北沢のキッタの場合、ライブハウスや個人経営の飲食店など"シモキタらしい"店舗や地域のコミュニティから取り組みをスタートした。2022年3月現在、スポット登録数は35か所、ユーザー数は1400人にのぼり、空き地のラジオ体操に参加すると50キッタ、フードバンクに寄付をしたら200キッタ、カフェのインスタグラムをフォローすると200キッタ——といった貯め方が用意されている。

　まちのコインは単なる消費行動と違い、地域や人を思いやる行動が蓄積され、「街の個性が視覚化できるデータになるのではないか」と橋本は考える。"環境への意識が高い層が多いから〇〇が売れる"、"カルチャーへのこだわりが強いから〇〇なサービスがウケる"、といったデータを企業に提案し、イベントをする際に広告を出稿してもらう——。思い描くのはそんな収益モデルだ。さらに蓄積されたからデータから広告を打つメリットをPRするだけでなく、イベント会場を訪れたりSNSに上げたりしたらコインがもらえる仕組みにし、「〇〇というブランドのおかげでコインを貯めて、こんな体験ができた」と好感度を抱かせる作用も期待できる。あるいは、街の人たちが貯めたコインでどんな行動をするかデータとして追うこともでき、潜在的な購買層がどんなことに興味があるか——サステイナビリティや環境への配慮、地元への愛着の高さなど、今後の商品開発や広告方針に生かすことも考えられる。

　もちろん、まちのコインはまだ始まったばかりで、今はユーザー数も企業にアピールできるほど多くはない。収益があがるかどうかも未知数だ。しかし橋本は「街の価値を可視化して、それに共感する人たちがイベントを開催し、協賛金を集めて費用を自給自

シモキタ園藝部作業風景
写真：Erina Ueto

園藝部は街の緑化活動の自立自走モデル。
まちのコインは街の愛着度を高める活動の自立自走モデル（橋本）

足したうえで、さらに余剰金を街づくりの活動に還元していくモデルを構築したい」と意気込む。

7-3　競争ではなく共創を実現する

　プロジェクトチームは、地域価値を高めていくための手段の一つとして鉄道各社との連携にも力を入れたいと考えている。

　下北沢駅周辺では、京王電鉄が井の頭線高架下中心に新街区「ミカン下北沢」の開発を進めており、2019年9月には共同で開発計画の記者会見を行うなど連携してきた背景がある。シモキタの価値向上を果たすためには、この良好な関係を開発後の運営フェーズでこそ活かすべきだというのが、彼らの考えだ。

　「例えば、シモキタの街を紹介するオウンドメディアを一緒に運営してみるのも一つでしょう。お互いの施設にとどまらず、シモキタのお店や人、さまざまな活動にスポットライトをあてて紹介する。さらに、シモキタの不動産空き情報や店舗の採用情報などを集める。『下北沢に出店したい』、『下北沢で働きたい』などの新たな街の担い手を一緒に発掘できたら面白いですよね。また、シモキタは『買う』『食べる』『遊ぶ』『鑑賞する』というシーンは想起しやすい反面、『働く』というイメージはそこまでではない状況を踏まえ、『遊ぶように働けるシモキタ』を一緒に発信する。結果として街にクリエイティブな人たちが増え、新たな『街づかい』の機会も生まれる気がします。京王電鉄の『ミカン下北沢』も小田急電鉄の『下北線路街』も、コワーキングやシェアオフィス、ラウンジなど、遊ぶように働く施設を整備しています。それぞれの施設が価格訴求による会員募集に陥るのではなく、『シモキタは多様な働き方ができる街』と思ってもらえるような発信ができたらベストだと思います」と、向井から次々にアイディアが飛び出す。

　このような連携は、決して絵空事ではなく、鉄道両社の担当者同士が顔を合わせるたびに「何か一緒に出来ないか」と話題に上っている。実際、2022年3月に京王電鉄のミカン下北沢がオープンした際には、京王電鉄が主催する街のスタンプラリーに下北線路

エリア事業創造部では「場」を整えるだけでなく、地域の「愛着」や「幸福度」を高めるための取り組みも推進し、エリアの価値を高めていく（向井）

街の施設（BONUS TRACK、reload、下北線路街 空き地）も参加し、共に街を盛り上げた。

　鉄道各社間では、運賃の値上げや値下げなど競合の側面は確かにある。しかし、シモキタという街の視点に立ったとき、京王電鉄も小田急電鉄も関係なく、街にとって、街の人にとってより良い未来をつくることが何よりも重要になる。そのためには、「競争」し合うのではなく、「共創」への発想の転換が大切だ。それが、街に存在し続ける鉄道両社に良い結果をもたらすことになる。

　「われわれ鉄道会社は街のプラットフォームです。ビル開発で完結するデベロッパー事業から脱け出して、街づくり事業に踏み出したからにはそこを出発点にして、あとはアイディアで勝負するしかない。でも、日本全国でまだどこの誰も実現できていないモデル作りに挑戦しているという自負がある」と橋本は言う。

　さらなる進化を目指し、下北線路街の挑戦はこれからも続いていく。いや、これからがむしろ本番なのかもしれない。

BONUS TRACK 中庭光景

08 | 支援型開発のこれから

8-1　大事なのは街を知ること

　「下北沢だからできた、と言われたくないんです」。

　街の人たちによるさまざまな取り組みも順調に育ち、新型コロナウイルス感染症下の苦境においても大成功を収めているように見える下北線路街。しかし、橋本は支援型開発を語るうえでは必ずそう言って釘を刺す。下北沢で取り組んだこの手法を一つのプロジェクトだけで終わらせず、今後の開発指針としたいからだ。

　何より重要なのは、「街を知る〈フェーズ1〉」だと橋本は考える。下北沢には個店の多さやカルチャーといった強みがあったが、立地や人口規模によって街の個性は大きく異なる。下町であれば昔ながらの商店街が、郊外であれば自然や生産地の近さを生かした食の新鮮さが強みになる。

　「地域の強みを把握し、理解するプロセスがすごく大事です。開発ではそこをすっ飛ばしてしまうことが多いですが、地域それぞれの特性にあった施策を打っていかないと、強みを生かすどころか従来の開発に逆戻りしてしまう」。

　とは言え、下北沢には街の個性と知名度の高さ以外にも、次世

代のベンチマークとなるような経営者、NPOなどで活躍する人が多く存在するという"人材の豊富さ"があった。移住者の多い街や、街づくりに無関心な層が多い地域、極端な田舎でも支援型開発は可能なのだろうか？　向井は「下北沢の方々にはずいぶん助けてもらったし、正直なところ、支援型開発が難しい地域はあると思う」と打ち明けつつ、だからこそ「"自分の街"という意識を高めていく作業は絶対に必要な条件になってくる」と力を込める。新型コロナウイルス感染症下を経て、"帰って寝るだけの場所"だった地元の街は、長い時間を過ごす"暮らす場所"、"働く場所"へと変わりつつある。生活環境への意識が高まる中、支援型開発そのものを下支えする人材は、多くの地域で育つ土壌が整ってきているのではないだろうか。

8-2　プロセスの透明性

そこを踏まえたうえで次に重要なのが、地元、特に住民に対して透明性のあるプロセスを開示することだ。住民が疑心暗鬼に陥ったり、誤解から抵抗勢力になったりするのを防ぐためには、開発側が何を考えているか、何をやろうとしているか、情報をその都度伝えていかなくてはならない。伝え方も、既成事実化が目的の一方的な通達ではなく、「一緒に考えていきましょう」という姿勢が鍵になる。「何度も『隠し事があるだろう』と疑われた」と苦笑する橋本ならではの経験則だ。

支援型開発が一定の成果をあげるには、〈フェーズ3〉までを見据えると「最低でも4、5年はかかる」。成功例に見える下北沢も、橋本にとっては「まだ実験している段階。成功したとは思っていない」のだ。長い道のりを歩むパートナー（住民、自治体）とのコミュニケーションが大切になってくるのもうなずける。

関係構築のヒントになりそうなのが、下北線路街の空き地だ。コミュニケーションが大事と言っても、物事が具体的に動かなければ「口先だけ」と見なされてしまう。下北沢では実際の工事がスタートするまでに長期間を要したが、空き地ができたことで地元

地域を知り、地域との接点を持つために、リアルな場を最低1年間運用して姿勢を示すことが大事。でもこが会社が決裁しにくいところ（向井）

との関係が大きく動いたという。街づくりに一緒に関わる"リアルな場所"が生まれ、「地元がやりたいことをサポートする」という小田急電鉄の姿勢が態度として伝わったからだ。「空き地での最初の1年間がそうだったように、一緒に活動すればこちらの本気度も伝わる」と、向井も関係構築の突破口としてリアルな拠点を作る有効性を実感している。

　課題は他にもある。下北沢では1.7キロメートル区間という広い跡地や駅施設が自社の開発資源としてあったが、そうしたアセットがない場合も想定される。自治体との取り組みでは、行政上の公平性の確保に縛られて「すべて公募で」となれば、〈フェーズ1〉の現地調査だけやって〈フェーズ2〉以降の開発・運営は他社に、という状況も生まれ得る。一気通貫で深く地域に入り込むメリットを訴えるには下北沢という力強い先例がありつつ、橋本は「最終的には、リスクを背負う覚悟が必要」と説く。

　「空き地も私たち小田急電鉄がリスクを背負って始めたから、住民にも覚悟が伝わりました。何かを生み出すには、腹をくくらなくてはいけない。リスクを取れる人はどの企業にも自治体にも必ずいらっしゃいます。そういう人たちが突き抜けられるよう、会社や役所の組織において意識改革をする時期がもう来ているのではないか」。

　一歩踏み出す覚悟は、地域の人たちにも必要だ。行政や企業のサービスを一方的に享受する消費者ではなく、あるいは「誰かがやってくれる」のを待つのではなく、「自分でやる」意識を持つ。そういう人が多ければ多いほど、街は豊かになる。

　「街づくりはもう自治体一組織の仕事ではなくなりつつある。われわれ民間企業や住民が取り組むべき活動といえる」。支援型開発の2例目や3例目がどこでどんな形で結実するかはまだ分からない。しかし、その理念や姿勢は私たちが"自分の街"を見つめる際の重要なヒントをすでにいくつも示唆してくれている。

> 誰もがもう一歩ずつリスクを取れば、得られるものは何倍にもなる（橋本）

パーパスモデルで見る BONUS TRACK

株式会社日建設計イノベーションセンター
プロジェクトデザイナー
吉備友理恵

新たなチャレンジや
個人の商いを応援する長屋

パーパスモデルとは

　パーパスモデルは、共創を前提としたプロジェクトを可視化するためのフレームワーク。それぞれに異なる役割と多様な目的や価値観を持つプロジェクトの関係者が、共通する一つのゴールを明確化し、それに向けて相互の役割と立場を再認識するためのツール[1]である。ここでは、BONUS TRACK をこのパーパスモデルを用いて紐解いてみる。

▼1：パーパスモデルは吉備友理恵氏と一般社団法人図解総研との共同研究により考案されたもので、日々ブラッシュアップされている

小田急電鉄 橋本の思い

　プロジェクトを進める上で大切なことは二つ。一つは、プロジェクトに関わる全ての主体が、目的を共有すること。事業の進捗過程においては、各主体間での意見の食い違いがよくあります。その原因は、手段を目的化してしまうためであることが多いように感じます。もう一つは、価値を「提供する側」と「受け取る側」の距離を縮める必要があるということ。お互いにリスクを共有してこそ、それぞれの目的に近づくことができます。相互にリスクを理解し合うと、価値を「提供する側」と「受け取る側」の立場が時には入れ替わることも起こり得ます。以上の内容をどうにか可視化できないものかと考えていたときに、パーパスモデルと出会いました。

パーパスモデル考案者 吉備の開発主旨

　一社一企業では解決できない複雑で横断的な課題が多い現代において、複数のプロジェクト関係者による共創がますます必要になっています。また、さまざまな社会課題を抱える時代において

は、経済合理性だけではなく、社会とのバランスも必要です。そこで重要になるのが、自組織の目的だけではなく、より広い社会的意義のある目的の設定と共有です。経済合理性を見るものが「ビジネスモデル」だとしたら、社会性を見るのが「パーパスモデル」です。

URL https://bit.ly/purposemodel

パーパスモデルは共創プロジェクトを可視化する

パーパスモデルでは、プロジェクト関係者の属性を「企業」、「行政」、「大学や専門家」、「市民」の4つに分けます。さらに、図の外側から内側に向かって順に、プロジェクト関係者の「名称」、「役割」、「目的[動機]」、そして中心を「共通目的」のゾーンに分類します。また、正方形の図を真中から上下に二等分し、下半分は、3つの条件、「主体性があり・リソースを提供し・共通目的に共感している」の全てに当てはまる「価値をつくる側」とします。計画する側だけではなく、積極的に貢献する市民もここに当てはまります。上半分は3つの条件のいずれかが欠けている「価値をうけとる側」。これにより、今まで見えてこなかった、関係者間の「どんな人が、どんな思いで、どうプロジェクトに関わっているか」を視覚的に捉えることができます。

異なる領域をつなぐ存在の重要性

パーパスモデルを通してBONUS TRACKのこれまでを紐解いてみると、さまざまな関係者間で想いを共有し合い、ボトムアップによる開発が行われてきたことがよく分かります。共通目的があることで各関係者が同じ方向を向けるとは言え、現実はそれほどスムーズに動くとは限らないため、各関係者の目的とプロジェクトの共通目的とを紐付ける存在が必要となります。今回は、小田急電鉄 橋本氏がその存在であると言えるでしょう。パーパスモデルではプロジェクトを組織単位で見ていきますが、その裏には、人の想いと踏ん張りがあることも、忘れてはなりません。

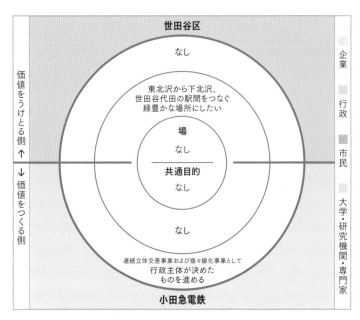

1 初期

プロジェクトの計画着手段階で登場する関係者は、小田急電鉄と世田谷区のみ。この時期の世田谷区の目的は、線路跡地に区道を整備し、東北沢駅～世田谷代田駅間をつなぐこと。小田急電鉄は、東京都や世田谷区の計画に沿って事業を進めるという立場。プロジェクトの意義や共通の目的がまだ掴めていない段階。

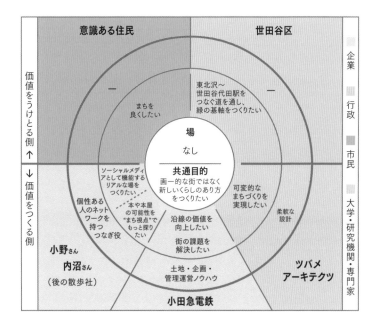

2 探究期

小田急電鉄は駅周辺でのチェーン店の増加や、高齢化、空き家問題などを抱えるこの街にとって、あるべき開発とは何かを考え、下北沢の個性を取り戻すための新しい開発のあり方を模索。街を歩き、街の人と向き合い、信頼関係を築く過程で、同じ課題意識を持つ異なる分野のパートナーとも出会っていく。後の開発コンセプトづくりにつながる重要な時期。

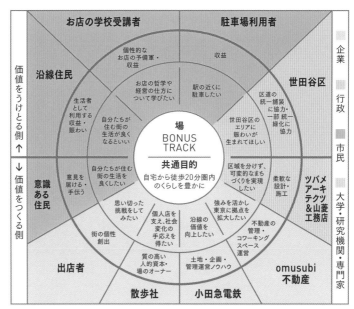

3

実験期

オープン後約1年経過時点。新型コロナウイルス感染症に伴う緊急事態宣言下でのオープンとなったため、来街者よりも周辺住民との関係を早期から構築できた。そのため、図中上半分に属する沿線住民の一部が、プロジェクトに主体的に関わる下半分のエリアに滲み出している。②探究期では個人であった小野さん、内沼さんが、運営管理会社「散歩社」を設立。オンラインスクール（お店の学校）もスタートし、新たな収益モデルが誕生。実験期は仮説を更新していく時期でもある。

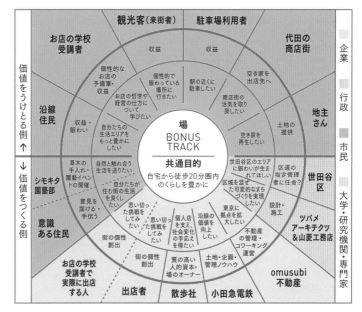

4

実装期

少し先の未来に期待する姿。現在感じられる変化の兆しと、一部実現し始めている内容をもとに可視化。通常、場の利用者である沿線住民は「価値をうけとる側（上半分）」にいることが多いが、ここでは、「価値をつくる側（下半分）」に属する住民が多い。またプロジェクトの当事者も増加。今後、行政側が主体的に関わるようになると、場の可能性が飛躍的に広がることが予想される。

デザインルールで見るBONUS TRACK

ルール

① 積極的にお店の顔づくりをすべし

② 積極的に外部空間を活用すべし

③ 隣近所のテナントと相談しながら、共に賑わいを育てるべし

3戸が連なった長屋
1階店舗5坪、2階住戸5坪の1区画10坪

店舗の庇
庇はサイン等の装飾を行う際の下地として利用できる。テナント独自の庇を設けることも可能

サイン看板
お店の看板は庇を利用して設置可能

コンクリートの張り出し部
コンクリートの張り出し部(はね出し)を利用して、ベンチやカウンターを設けることが可能

手を加えることができる外壁
外壁の一部（窯業系サイディング
部分）は塗装やサインの設置など、
テナントが手を加えることが可能

外壁丸環フック
外壁や柱・梁に設けてある丸環
フックを利用して、タープを張っ
たり装飾をすることが可能

写真：nao mioki

[カタログ]

下北線路街 全ブロック
施設ガイド

2013年ゾーニング構想案、2017年全体構想、
2019年開発計画と進化を遂げてきた下北線
路街。2022年街開き時点の姿をご紹介。

東北沢駅
HIGASHI-KITAZAWA

13

12

11

10

9

下北沢駅
SHIMO-KITAZAWA

8

7

6

5

4

世田谷代田駅
SETAGAYA-DAITA

3

2

1

リージア代田テラス

豊かな世田谷ライフを叶えるテラスハウス

下北線路街の13ブロックの中で最も早くオープンした、10戸からなるメゾネット型のテラスハウス賃貸住宅。各住戸に前庭と専用テラスを設置。いろはもみじが印象的な前庭、吹き抜けのリビング、キッチンから眺めるデッキテラス、高窓から見える空、戸建てのような独立感のあるメゾネットスタイル……。ちょっと贅沢な二人暮らしや、小さな子どもとの時間を大切にしたい家族のための四季を感じられるゆとりある住まい。

DATA	
名称	リージア代田テラス （リージアだいたテラス）
業種／業態 （建物用途）	賃貸住宅
開業	2016年2月
延床面積	約700㎡
企画・ 基本設計	株式会社スピーク
実施設計・ 監理・施工	株式会社フジタ
戸数	10戸
運営	小田急不動産株式会社

写真：nao mioki

世田谷代田キャンパス

食でつながる地域のコミュニティハブ

世田谷区内にメインキャンパスを持つ東京農業大学の
オープンカレッジと東京農大オリジナルグッズや卒業
生が醸造した日本酒や加工食品などを販売している同
大学アンテナショップを中心とした食がテーマのコ
ミュニティ拠点。他にも地域密着型カフェレストラン
「CAFE HELLO」、青森県の農業法人アグリーンハート
直営のライフスタイルショップ「DAITADESICA フロ
ム青森」が出店。街に開かれた小広場では、農大や青
森にゆかりのある生産者、地域のお店が出店して毎月
第2・4土曜日の朝7時から朝市を開催。代田エリアに
新たな朝のにぎわいをつくり出している。

DATA	
名称	世田谷代田キャンパス（せたがやだいたキャンパス）
業種／業態（建物用途）	複合施設
開業	2019 年 4 月
延床面積	420㎡（敷地面積 600㎡）
企画監修・基本設計	株式会社ワクト
実施設計・施工	株式会社ナカノフドー建設
テナント数	4 店舗
運営	株式会社小田急 SC ディベロップメント

Block ③

CAFÉ KALDINO

世田谷代田にゆかりのある企業によるベーカリー & カフェスタンド

世田谷代田に本社を構え、輸入食品でおなじみの「カルディコーヒーファーム」を展開する株式会社キャメル珈琲の関連会社が運営。テストキッチンを併設したテイクアウト専門ベーカリーカフェスタンド。カルディの代名詞とも言えるこだわりのコーヒーはもちろん、世田谷区奥沢にある人気ベーカリー「アルチザン・ブーランジェ・クピド！」とコラボした厳選素材のパンが楽しめる。

DATA	
名称	CAFÉ KALDINO （カフェ カルディーノ）
業種／業態 （建物用途）	店舗・事務所
開業	2020 年 1 月
延床面積	約 300㎡
設計・施工	株式会社 ナカノフドー建設
運営	株式会社キャメルキッチン

写真：nao mioki

Block ④

由縁別邸 代田

都心に突如現れる温泉旅館

世田谷代田駅に隣接する温泉旅館。歴史ある日本家屋や緑豊かな周辺環境になじむよう設計された純和風の風格ある佇まいが都心の喧騒を忘れさせてくれる。客室は19〜32平方メートルの7タイプ35室。箱根の源泉から運ぶ露天風呂付き大浴場や、代田の地で晩年を過ごした歌人斎藤茂吉の料理歌集「つきかげ」から命名した「割烹 月かげ」と「茶寮 月かげ」を備える。2021年3月には、長期滞在向けレジデンシャルスイートとスパトリートメント施設「SOJYU spa」からなる「由縁別邸 代田 離れ」がオープン。

DATA	
名称	由縁別邸 代田 （ゆえんべってい だいた）
業種／業態 （建物用途）	宿泊施設
開業	2020 年 9 月
延床面積	約 2000㎡
基本設計・ デザイン監修	UDS 株式会社
実施設計・ 施工	松井建設株式会社
運営	UDS 株式会社

写真：Nacasa&Partners

Block ⑤

世田谷代田 仁慈保幼園

地域とつながる保育施設&コミュニティの場

世田谷区の待機児童解消に一役買うだけでなく、“地域に開かれた子育て拠点”を目標にしている認可保育園。子ども一人ひとりの探求心を育てる保育施設を軸に、コミュニティスペースやギャラリーを併設し、NPOなどと関わりながら、地域に出かける／地域を招き入れる、双方向の新たな教育を目指している。園内で観劇会を催したり、パネル展を開いたり、保護者や地域住民同士もつなげる地域のハブとして交流イベントを開催している。

DATA

名称	世田谷代田 仁慈保幼園 （せたがやだいた じんじほようえん）
業種／業態 （建物用途）	保育施設
開園	2020 年 4 月
延床面積	約 1400㎡
設計・監理	株式会社日比野設計
施工	松井建設株式会社
運営	社会福祉法人仁慈保幼園 ※小田急電鉄の土地を運営 事業者へ賃貸

写真：nao mioki

BONUS TRACK

新たなチャレンジや個人の商いを応援する長屋（住宅・商業）

個店の多い下北沢の魅力を凝縮したような空間で、SOHO4棟と4店舗からなる商業棟で構成。SOHO棟は個人経営者も入居しやすいよう1階5坪、2階5坪計10坪の店舗・住居一体型施設。テナントは、カレー＆BARやレコード店などが入居。商業棟には、毎日イベントを開催し、カルチャーを発信する新刊書店「本屋 B&B」や、発酵食品専門店「発酵デパートメント」などが入り、併設のコ・ワーキング・スペースやギャラリーを舞台にさまざまな情報を発信している。敷地内の広場では、マルシェなどのイベントを毎週末開催。

DATA

名称	BONUS TRACK（ボーナストラック）
業種／業態（建物用途）	店舗兼用住宅・商業施設
開業	2020年4月
延床面積	約900㎡
設計・監理	株式会社ツバメアーキテクツ
施工	株式会社山菱工務店
テナント数	14店舗
運営	株式会社散歩社

写真：nao mioki

Block ⑦

SHIMOKITA COLLEGE

新たな出会いと学びを提供する居住型教育施設

高校生、大学生から社会人まで、多様な経験や価値観を持つ居住者が一つ屋根の下で寝食をともにし、学び合う居住型教育施設。従来の学生寮と異なり、選考された多世代による2年間（高校生は3か月間）の共同生活を通して、居住者が主体的に成長できるプログラムを実施している。小田急電鉄とUDS、教育事業を展開するHLABの協働プロジェクト。

DATA

名称	SHIMOKITA COLLEGE（シモキタカレッジ）
業種／業態（建物用途）	学生寮
開業	2020年12月
延床面積	約2500㎡
施設	居室102室、食堂1、テナント1
企画・設計・運営	UDS株式会社
企画・運営パートナー	株式会社HLAB
実施設計・施工	株式会社フジタ

Block ⑧

NANSEI PLUS

これからの暮らしと駅前の新しいあり方を提案するエリア

小田急線下北沢駅南西口改札前に位置する、下北線路街の中で最も新しいエリア。ミニシアターや時間課金制のラウンジなどからなる、「まちのラウンジ」をテーマにした複合施設「(tefu) lounge」を中心に、「地域の暮らしを豊かにする "食"」をテーマにした4つの路面店や、アートギャラリー、シモキタ園藝部の拠点が集積。画一的な駅前開発ではなく、自宅を中心とした徒歩圏内の暮らしを一層充実させる「駅前の新しいあり方」を提案する。なお、(tefu) lounge の5Fには、小田急電鉄の下北沢における街づくりの拠点を整備。

DATA	
エリア名称	NANSEI PLUS（ナンセイプラス）
敷地面積	約3460㎡（世田谷区が整備する広場等を含む）
施設	複合施設（tefu) lounge、路面店集積施設（飲食・食物販4テナント）、園芸ショップ、アートギャラリー、広場

施設名称	(tefu) lounge（テフ ラウンジ）
業種／業態（建物用途）	複合施設
開業	2022年1月
延床面積	約1460㎡
基本設計・デザイン監修	UDS株式会社
実施設計・施工	株式会社フジタ
テナント数	4店舗　その他シェアオフィス、スタジオ
運営	UDS株式会社

路面店	「地域の暮らしを豊かにする"食"」をテーマにした路面店
開業	2022年1月
延床面積	約230㎡
設計・施工	株式会社フジタ
デザイン監修	UDS株式会社
テナント数	4店舗

※園芸ショップとアートギャラリーは2022年5月頃開業予定

Chapter 1　鉄道事業者の挑戦、支援型開発という街づくり　091

写真：nao mioki

シモキタエキウエ

シモキタならではの多様性あふれる商業施設

1日約12万人（2019年時点）が利用する下北沢駅の2階に誕生した立ち寄りスポット。「UP！（シモキタアガル）」をコンセプトに、暮らしの楽しさや利便性が「アガル」、訪れた人の気持ちが「アガル」施設を目指し、朝から利用できるカフェから手軽にランチが楽しめる飲食店、ちょい飲みに便利な立ち飲み店など、幅広いニーズに応える商業施設。

DATA

名称	シモキタエキウエ
業種／業態（建物用途）	商業施設
開業	2019 年 11 月
延床面積	約 1500㎡
実施設計	パシフィックコンサルタンツ株式会社
施工	株式会社フジタ
テナント数	15 区画
運営	株式会社小田急 SC ディベロップメント

写真：nao mioki

下北線路街 空き地

みんなでつくる自由なあそび場

2019年9月24日、下北線路街の正式計画発表と同時に誕生した「みんなの"やってみたい"を支援する」オープンスペース。最短半日から借りられるレンタルキッチンや、キッチンカースペースで、食のチャレンジを応援。屋外イベント用として、ステージとスクリーンを備えた芝生エリア（165平方メートル）、イベントエリア（262平方メートル）、駐車場エリア（303平方メートル）の3つのレンタルスペースを構え、音楽イベントやお笑いライブ、お祭り、マルシェなど、さまざまな用途に貸し出している。イベントのない日も自由に出入りでき、親子の新たな憩いの場となっている。

DATA

名称	下北線路街 空き地 （しもきたせんろがい あきち）
業種／業態 （建物用途）	オープンスペース
開設	2019年9月（期間限定）
敷地面積	約1400㎡
企画・設計	UDS株式会社／ 株式会社パーク
デザイン 監修	株式会社 ツバメアーキテクツ
施工	株式会社考建／ 株式会社芝匠
ランドスケー プ監修	株式会社フォルク
運営	UDS株式会社、小田急 電鉄株式会社

写真：nao mioki

reload

洗練された個店が集まる次世代型の商業ゾーン

2017年の全体構想で「シモキタの白いキャンパス」と呼ばれた"伸びしろのある"ブロックに誕生した、個店が集まる次世代型商業ゾーン。全24区画には感性を刺激する「いいもの」を多彩に揃えた個店が軒を連ねる。大小さまざまな建物が立ち並ぶ低層分棟形式になっており、各店舗をつなぐ屋外通路にはテラス席やベンチを設置。豊富に施された緑のもと、街なかの路地を散策しているような楽しさを感じられる。エントランスと一部区画にイベントスペースを用意し、期間限定の出店やアート展示などを開催。

DATA	
名称	reload（リロード）
業種／業態 （建物用途）	商業施設
開業	2021年6月
延床面積	約1900㎡
設計	有限会社ジェネラルデザイン一級建築士事務所
施工	三井住友建設株式会社
テナント	24店舗（1階14店舗、2階10店舗）
運営	株式会社 GREENING

ADRIFT

シモキタカルチャーを加速させるエンタメカフェ

「Adrift」は"浮遊"や"遊び"という意味を持ち、さま
ざまなエンターテイメントコンテンツを体感してもら
える場を目指すという想いが込められている。キッチ
ン、音響・照明機材、配信設備を含むネットワーク環
境を完備した多目的なエンタメスペースで、リアルイ
ベントからオンライン配信まで対応。マーケットイベ
ントや、飲食を楽しみながら音楽・演劇などシモキタ
カルチャーを感じられるイベントを企画。また、施設
の貸し出しも行い、音楽リハーサルやレコーディング
スタジオ、企業研修やカンファレンス、物販展示など
幅広いニーズに応える。

DATA	
名称	ADRIFT（アドリフト）
業種／業態 （建物用途）	商業店舗
開業	2021年9月
延床面積	約400㎡
設計・ デザイン監修	有限会社ジェネラルデザ イン一級建築士事務所
施工	東急建設株式会社
運営	株式会社 GREENING

写真：nao mioki

Block ⑬

MUSTARD HOTEL SHIMOKITAZAWA

さまざまな人が集まる都市型ホテル

"街の隠し味"をコンセプトにした都市型ホテル。客室はダブルルーム中心の4タイプ全60室。全客室にレコードプレイヤーを完備しており、下北沢の人気レコードショップ「Jazzy Sport」が監修したレコードを無料レンタルすることができる。客室は宿泊だけでなく、テレワークやミーティング用に時間貸しも可能だ。ホテル1階には宿泊者以外も利用可能なコーヒーショップ「SIDEWALK COFFEE ROASTERS」と焼酎 BAR「くらげ」を併設。

DATA	
名称	MUSTARD HOTEL SHIMOKITAZAWA（マスタード ホテル シモキタザワ）
業種／業態（建物用途）	宿泊施設
開業	2021 年 9 月
延床面積	約 1700㎡
設計・デザイン監修	有限会社ジェネラルデザイン一級建築士事務所
施工	東急建設株式会社
運営	株式会社 GREENING

関係者が考えたこと、
事業者が考えていること

開発コンセプトを考えたり、機能構成や施設配置を考えたり、
建物やランドスケープをデザインした下北線路街の関係者は、
プロジェクトとどう向き合い何を思ったのか。また、下北線路街
で商売を営んでいる事業者や活動に取り組んでいる人たちは
プロジェクトに何を思い、街との関わりをどう考えているのか。
関係者に話を聞いた。

BONUS TRACKの企画・運営・管理者
が考えたこと

株式会社散歩社
代表取締役CEO
小野裕之さん

同 取締役CCO
内沼晋太郎さん

text: 吹田良平

小野裕之さん

内沼晋太郎さん

ソーシャルビジネスとしての不動産開発

　かねてより、街づくりはソーシャルビジネスと親和性が高いと感じていました。例えば、施設の活用方法を考える際に、まずその施設が置かれている街のことを考えますよね。そこにはどんな人が住んでいて、どんな文化や課題があって、それに対して施設はどんな関わり方ができるのか、事業としての持続性はどうか……、そうした思考を巡らすのは当然のこと。ですから、「不動産×ソーシャルビジネス」とか「エリア開発×地域経済振興」などの可能性に関心がありました。

　そうした中、2017年に小田急電鉄の橋本さんから、下北線路街の中の複合商業施設開発（現「ボーナストラック」）に関する相談が持ち掛けられたんです。私の前職のグリーンズ[1]で掲載されているような社会的問題意識を持ちながらスモールビジネスに励んでいる人たちを入居させるにはどうしたらいいか、という相談内容でした。

　話を聞くにつれ、今回の計画は、いわゆる不動産事業の投資採算という物差しだけでなく、もっと多様な価値判断基準をもった開発であることがわかりました。要は開発する施設だけに閉じた近視眼の経済性追求ではなく、社会性と言っても

いいかもしれませんが、地域社会にとっての効用を目指した開発であることに納得がいきました。

そこで、2017年12月、コンサルティング業務の一環として、全国の僕がこれだと思う事業者20名程に声をかけ、まだ小田急線の線路が地下化されただけで更地の世田谷代田〜下北沢駅間を皆で歩いて、その可能性を探るワークショップを開催したんです。そうして、皆で食事をしながら規模や賃料の最適解を絞り込んでいきました。

小田急電鉄やUDSと議論を深めていくにつれ、テナントは個人店主が望まれていること、それを実現するためには、小田急電鉄が直接ではなく、間に一社挟んでサブリース事業にする必要があることなどが明らかになっていきます。僕もアイディアがユニークであればあるほど、それを現実の形にすることに意義を感じる方なので、結局、マスターリース役を担うことにしました。一人では手に負えないので、下北沢で人気書店、本屋B&B▼2を営んでいる先輩格の内沼さんと、千葉県の松戸で不動産業を営んでいるomusubi不動産▼3の殿塚さんに声をかけ、事業の具体的検討に入っていったというわけです。ボーナストラックの企画・運営・管理を行う散歩社は内沼さんと二人で、2019年に立ち上げました。

店舗の情報産業化

僕たちは、ボーナストラックはメディアだと思っています。雑誌にたとえるなら、毎週末、広場で開催されるイベントは特集記事、各店舗は連載記事です。例えば、広場でのイベントは、単に集客のためのイベントというより、参加した人が何か新しい気づきを得てもらうためのもの。一方、店舗の方は、ある切り口で横串をさして店舗を揃えることで、そこに一つのメッセージが現れてくる。これって編集そのものですよね。施設運営とメディア運営って、実はよく似てるんです。

これからは店舗ビジネスも情報産業化していくべき、というのが僕たちの考えです。店舗を通して、商品はもとより、人と出会う、新たな情報や考え方と出会うための媒体。つまり、これからは店舗という店主のオウンドメディアを通して、メッセージつまりコンテンツを発信することが重要になると思います。それがうまく回り出すと、他のメディアにもコンテンツを横展開できるようになります。そのようにして価値の拡大を図っていか

BONUS TRACK のテナント構成

1 恋する豚研究所 コロッケカフェ 🍴
2 発酵デパートメント 🛍 🍴
3 本屋B&B 🛍 🍴
4 BONUS TRUCK LOUNGE ★
5 Why___? 🍴
6 お粥とお酒 ANDON 🍴
7 日記屋 月日 🛍 🍴
8 BONUS TRUCK HOUSE ★
9 ADDA（アッダ）🍴
10 大浪漫商店
   BIG ROMANTIC STORE 🛍 🍴
11 本の読める店 fuzkue 🍴
12 TENTのTEMPO（テントの店舗）🛍
13 pianola records 🛍
14 胃袋にズキュン はなれ 🍴
15 omusubi不動産 ★

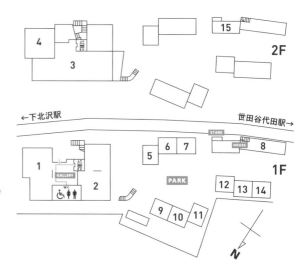

🍴 飲食店　🛍 物販店　★サービス

2022年1月時点

ないと、いつまでたっても商業という産業は次の段階に発展できません。それだと従業員の賃金も伸びないんです。

　下北沢は、そもそも可能性に満ちた街、チャレンジする人に開かれた街。だから恒常的に新しい何かが生まれ、街の発信力が形成されてきましたよね。街の人たちも、得体の知れない若者を受け入れる力、新たに生まれる文化を面白がって評価する力をお持ちです。ところが、近年、下北沢の街が他と変わらない風景になりつつあった。

　そこで、ボーナストラックでは、独自の強いコンテンツ力を武器とする個人レベルの商店主を集めました。そうしたらさすが下北沢。彼らが発信するメッセージを見事キャッチし、その付加価値を評価して商品を購入する経済力と吟味する眼がここにはあったんです。静置発酵もの千円近いお酢や羅臼の高級昆布が普通に売れる、さすが世田谷代田を擁する世田谷区です。

　このように、各店舗がそれぞれ異なる分野で頑張っている人たちばかりですから、ここを運営する僕たち自身も非常に刺激を受けています。施設の運営って、店舗の皆さんの可能性やチャレンジを引き出して実現してもらうことですから、僕たちが日々チャレンジしていないこと

には相手にされません。ですから彼らに負けないように日夜考えを巡らせて、実行しています。

　今の時代は貨幣以上に人の才能を求心力にしながら、価値を再編集して新たに創っていく時代だと思います。ボーナストラックの各店舗はそれぞれに濃密なファンがいて濃い関係を築いています。でも、皆自分たちの店だけで閉じてはいません。自身の力を信じながらも総和としてのパワーやセレンディピティに対する期待も同じくらい持っています。この風通しの良さと共感力、共創力こそがボーナストラックらしさであり、下北沢らしさなんだと思います。下北沢という挑戦するものに開かれた街の特性を生かしながら、商業の可能性、不動産とソーシャルビジネスの可能性を探っているところです。

▼1 グリーンズ
NPO法人グリーンズ。ソーシャルデザインをテーマにしたウェブマガジン「greenz.jp」を運営する。小野氏は現在、greenz.jpビジネスアドバイザーを勤めている

▼2 本屋B&B
「これからの本屋」をコンセプトに、編集者の嶋浩一郎氏とブック・ディレクターの内沼晋太郎氏とで、2012年、下北沢に開店した新しいスタイルの書店。新刊書、雑貨、北欧ヴィンテージ家具を取り扱い、店内では生ビールなどドリンクも飲める。年始など一部を除き、毎日刊行イベントを開催する

▼3 omusubi不動産
P156参照

BONUS TRACK建築企画・設計監理者
が考えたこと

株式会社ツバメアーキテクツ
千葉元生さん
西川日満里さん
山道拓人さん

text：吹田良平

左から山道さん、西川さん、千葉さん

検討のパラメータを増やす

　建物を設計する際は、複数の時間軸を考慮する必要があるというのが私たちの考えです。その数が増えれば増えるほど、建築は寛容になっていくと思います。ボーナストラックの場合で言えば、まず下北沢という土地の歴史的時間があります。それから投資回収年度という事業収支上の未来の時間軸、建物のメンテナンスやテナントの入れ替えといったファシリティの時間軸、さらに日々の営業時間から閉店時間に至るオペレーションという時間軸、これらの各パラメータを考慮に入れながら設計を探っていきました。

そうすると、単純に経済合理性だけでは計り知れない建築のありようが見えてくるんです。

　私たちが、ボーナストラックのプロジェクトに参画したのは、2018年1月です。まずUDSからの相談を受け、設計の手前段階である、方向性を考えるという仕事の依頼でした。われわれは2013年の設立当初から、建築の設計を行うデザイン部門とその前と後を考えるラボ部門の両輪で動いてきましたから、違和感はありませんでした。

　小田急電鉄、UDSから与えられた与件は2つです。1つは、下北沢の駅周辺がチェーン店の進出によってかつての風景

を失いつつある、それを補い復活させる商店街を新たにつくりたいというもの。もう一つは、下北沢は住人が自分たちでつくっていく街、その下北沢らしさを継承したいというものでした。基本計画がありましたが、それを、若者のチャレンジにふさわしい規模や形態にチューニングしていきました。

　具体的には、第一種低層住居専用地域に当たる敷地では、用途制限目一杯の店舗部分15坪の2層兼用住宅とし、これを3つに分割して長屋形式にすることで、一区画あたり1階、2階各5坪ずつの兼用住宅となります。

　これなら賃料も想定の範囲内で抑えることが可能です。2階に住みながら下で商いをするというのも、住宅街のこの場にはふさわしいものに思えましたので、これを基本形に設定しました。接道の関係から、旗竿式に敷地を分割、計5棟の建物で構成することにしました。長屋の設計与件である敷地内通路をまとめて広場としています。

活動を促すルールブック

　ボーナストラックの敷地はもともとは線路でしたから、住民にとっては生活の裏側だった場所です。そこを人々が集まる場所に変えていく中で、公園のように特定の人に占有されない場所を意識しました。隣接する世田谷区の管理道路から敷地内への入り口を複数箇所設けて、内部への出入りをしやすくすることで、散歩する人、ウインドウを覗きながら通り過ぎる人、広場で佇む人、週末のイベントに来る人など、子どもから高齢者まで多様な用途で使いやすく馴染みやすい空間を計画しました。

　また、このエリアは商業エリアの賑わいと住宅地の落ち着いた雰囲気の混じり合った場所のため、突然新しい建物が出現して、周囲に違和感を抱かせるのを避ける必要があります。そこで、以前から存在していた建物のように感じられるよう、建物のボリュームや屋根を分節することで周辺の住宅と規模を合わせています。また、建物を構成する要素には特殊

なものは用いず、街中でよく見られる引き違い窓・庇・バルコニーといったものの組み合わせで設計しています。

もう一つ意識した点は、下北沢らしさでもある使う人が街や建物に手を加えていくという自主性と当事者意識の醸成です。具体的には、外壁の一部や庇、内部の合板部分、外部に突き出たコンクリートベンチは、後から自由に手を加えていい箇所として内装監理指針書のデザインを行いました。通常、内装監理指針書は、「〜は禁じます」という制限条項、規制内容が多く、テナントによる表現を縛るためのものになりがちです。その方がもちろん監理は楽ですから。でも今回は真逆で、「〜をしてください」という、カスタマイズや街並みへの参加を促すメッセージがふんだんに記載されています。外壁のようなＡ工事部分にも一定の条件下で手を加えていいというルールは、冒頭でお話しした、建築のありようを考える際の多様なパラメータがあってこそ実現する施策です。単に短期での経済合理性の追求だけではこうはなりません。テナントのため、ひいては街のための最適解に近づくとはこういうことなんだと、橋本さんたちと向き合って改めて実感できました。

運営と管理を融合する

現在は、施設の運営と管理が分離しすぎていて、その弊害が露呈した時代だと感じています。商業施設がどこも均一に見えてしまうのもそれが一因ではないでしょうか。

運営とは、デベロッパーやテナントが商売に対する自らの想いを表現する行為。反対に管理は、デベロッパーがトラブルなく施設を長期継続させていくための縛りです。

ボーナストラックでは、小田急電鉄が思い切って運営を散歩社に任せるという体制をとりました。これはマスターリースをしている散歩社が現場にいて、自らテナントとしての顔も持っていることや、極力、仕事は現地のやりたい人に任せて小田急電鉄はその後方支援に回るという思想によるものです。

例えば、ボーナストラックにはもちろん賃貸契約上のリースラインはありますが、建物に囲まれた施設全体の共用空間である広場には、なるべく家具や屋台を広場にはみ出してくださいとテナントにお願いしています。店舗が5坪と小さい分、広場を使えるメリットは計り知れな

BONUS TRACK全体計画図

いはずです。もし問題が発生したらその時は話し合いで解決します。このように自主性と一般的な常識感覚を信じて、自由な環境を用意すると、かつての学生寮のように、そこに自治意識が芽生えます。つまり表現を縛るプレッシャーではなく、表現を生み出すクリエイティブが発揮されるようになります。その方が、ボーナストラック、ひいては下北線路街全体が面白く魅力的になりますよね、めいめいが工夫しながら時に共同して表現を行うわけですから。どちらがデベロッパーにとっても街にとってもメリットが大きいかは明白です。

　ここでは、各テナントの個性が発揮されつつ、全体性も醸成しています。言うならば、個人の所有や占有というより皆でシェアする「総有」といった感覚に近いかもしれません。こうした創造思考の運営・管理の結果、施設全体の魅力が高まって価値が生まれ、その成果は周辺地域に

も還元していきます。単純に管理のしやすさだけで判断するのではなく、テナントの個性発揮やテナント間の協業の可能性、地域へのインパクトといった複数のパラメーターで施設のありようを検討していく時期に来ているんだと思います。

　地域住民の側にも参加の回路はたくさんあります。ボーナストラックでは、広場はもちろん、中にシェアキッチンやシェアオフィスがあり、生活エリアの中にこうした場と機会が組み込まれていると、地域住民の方もそれまでの単なる受動的な消費者から、能動的な活動者や表現者になりやすい。個人の暮らしもその方が豊かになりますし、生活が充実するはずです。下北沢のDNAである、「自分たちの街は自分たちでつくる」や、「挑戦しやすい街」というのは、おそらくこういう場所から継承されていくのではないでしょうか。

ランドスケープ・グランドデザイン担当者
が考えたこと

株式会社フォルク
代表取締役・ランドスケープデザイナー
三島由樹さん
同 アーキテクト
川崎光克さん
同 ランドスケープデザイナー
金子結花さん
同 デザイナー
伴野 綾さん

text：河上直美

左から伴野さん、川崎さん、金子さん、三島さん

地域と共に緑を育てる

　株式会社フォルクは、ランドスケープデザインや地域デザインを行う会社です。主に公園や広場などパブリックスペースのデザインと街づくりの仕事をしています。私たちのデザインのアプローチは、「見る」よりも「使う」場所を地域の人たちと一緒にデザインしていくというものです。ここ、下北線路街でも、「地域でつくり、つかい、育てていく街のみどり」ということを大切にしながら、ランドスケープのグランドデザインを担当しました。

　コンセプトは、「開かれた庭がつらなる

まち」としました。今まで緑が全くなかった場所にたくさんの緑が増えるわけですから、街の様子は大きく変わります。そのたくさんの緑は誰がどうやって管理するのか。通常であれば植栽管理は管理業者が行いますが、私たちは街の植物の手入れを地域の人々と一緒に愛着をもって手がけていくことはできないか、と考えていました。

　すでに、シモキタの街に緑を増やしたいとの想いで集まっていたPR戦略会議内の緑部会との出会いを小田急さんが作ってくださり、共にこれからの街の緑について考えていくことになりました。それがシモキタ園藝部をつくる発端となり、

2019年10月から園藝部をつくるための
ワークショップシリーズを4回実施しま
した。2020年3月に正式に園藝部が発足
し、それ以降、月に一度「園藝部DAY」と
して集まり、下北線路街の植栽を手入れ
する活動をしています。

サステイナブルな活動のために

　園芸って植物に詳しい人じゃないと難
しい、というようなイメージってありま
せんか。シモキタ園藝部の「藝」という
字の語源は、人が木を植える姿を表した
ものなんです。つまり、人が木を植える
行為は人が生きていく上での基礎となる
スキル（藝術）なのだと。そして、それこ
そが私たちが園藝部で目指していること
です。植物を扱う術は、特別で専門的な
ものではなく、人が生きていく上での当
たり前のスキル、多くの人がそんな風に
捉えてくれたらいいなと思っています。
だからシモキタ園藝部はシモキタが好き
で緑に関わってみたい人なら誰でも参加
OK、常にオープンです。緑に触れて学ん
で楽しむことは都会でもできる、その実
例を下北線路街で少しずつ皆で作ってい
るところです。
　園藝部がサステイナブルに自走してい
くための方法として、現在約70名いる部
員の内有志20名程が中心となり、2021

年8月に法人化しました。趣味の園芸か
らエッセンシャルワークとしての生業の
園藝になることの意思表示です。任意団
体から始まった活動が法人化に至ること
は私たちの理想でしたが、1年程度でそ
れが実現するとは思っていませんでした。
地域内外の人々とともに新たな法人を立
ち上げて恒常的に運営に関わることは私
たちとしても初めての体験ですし、起き
る事はすべて新しいこと。法人経営など
チャレンジングなことは多々あります
が、団体のあり方としては、これからの
世の中においてあるべき姿だと思ってい
ます。園藝部の事業はある種の社会実験
ですね。植物のように、スローだけど着
実に歩んでいきたいです。
　シモキタでは今回、民間企業、行政、
住民が話し合いを重ねながら一緒に街の
緑を作り、育てていくスタートが切れま
した。このモデルが偶然シモキタでうま
くいったのではなく、これからの街づく
りにとって必要となる姿勢だという点で
必然の流れだったのかもしれません。私
たちや子どもたち世代が生きる社会は、
短期的なリターンよりも中長期的に得ら
れるものの大切さ、そしてその基盤とな
る植物の大切さを考えていく時代にある
ということを、シモキタの緑の成長が教
えてくれるのだと思います。

事業者

MUSTARD HOTEL、ADRIFT、reload
運営事業者の声

株式会社 GREENING 執行役員
宮田應大さん

text：河上直美

シモキタでの過ごし方

僕は下北線路街を「作る側」でもあり、「使う側」でもあるんです。生まれ育ったのが近くの祖師谷大蔵で、大学へも下北沢駅経由で通っていました。今回せっかくシモキタに関わるのであれば近くに住もうと思い、中目黒から引っ越してきました。

祖師谷大蔵の子たちは、みんなシモキタで遊んでいたんです。でも社会人になって、いつの間にか来なくなって。20年程前、僕が学生時代に遊んでいたシモキタは、裏路地に飲み屋街があったり、個人のお店が勢いを持つ街でした。それが久

しぶりに来てみると、学生の頃遊んでいたお店はほとんどなくなってしまって、代わりにどこの駅前でも見かけるチェーン店が増えていました。

商業施設「reload」を歩いていただくとわかると思うのですが、チェーン店は1軒もなく、個性的で小さなお店が不規則に並んでいます。思わぬところに階段があったり、吹き抜けの2階から1階を見下ろせたり、譲り合って歩くような細い小径があったり。シモキタの商店街を通ってreloadにたどり着いたら、そこも小さな商店街のようになっている、そんな感覚になる場だと思います。いろんなお店を回って、共用部の椅子に座ってコー

ヒーやお酒を飲んだりご飯を食べたり、そうするといつの間にか時間が経っていた、そんな過ごし方をしていただけるように計画しました。

われわれのホテルブランドである「MUSTARD HOTEL」1号店の渋谷では、アートをフィーチャーしています。下北沢では、シモキタカルチャーのなかでも音楽を媒介として街とつながっていくことを目指しています。宿泊のお客様に部屋で音楽を楽しんでいただくことはもちろん、それ以外にもこれからスタートするのはアーティスト・イン・レジデンスの取り組み「CREATORS IN MUSTARD」です。地方や海外のミュージシャンが東京で公演をする際、無償で宿泊を提供する代わりに、街の人に音楽をシェアしてもらう試みです。1Fロビーや隣のエンタメカフェ「ADRIFT」で演奏してもらうことを考えいています。もう一つは、シモキタにも最近増えてきたDJバーと一緒に計画している相互送客の仕組みです。深夜宿泊のサポートや宿泊者がホテルのカードキーを持って行ったら割引が受けられるなど。コロナ禍を経て、いよいよこれらのアイディアを実現していきます。

街の変化に関わる

改めてシモキタに関わるようになって、地域の方々が「自分の街」という感覚を持っていると感じましたね。新しくできるものに対して関わろうとする雰囲気が他の街よりも強い印象があります。

MUSTARD HOTELオープン内覧会の時、通りかかった人が何人も声をかけてくださったんです。「どんなことするの?」とか、「遊びに来るね」とか。2人連れの女性の1人が「泊まりに来ようと思ってます」と言うともう一方は「私は近いから泊まる気はないわ」とか(笑)。それもまた良いじゃないですか、率直で。でも実際オープン後は、地域の方々にたくさん利用していただいております。

カルチャーを牽引する存在があり、その人たちの近くで一緒に何かやりたいという、その積み重ねで街が作られていくと思います。僕らもシモキタでそんな存在になれたら嬉しいですし、その変化に住民としても楽しく参加していきたいですね。

第5ブロック

世田谷代田 仁慈保幼園 事業者の声

世田谷代田 仁慈保幼園　園長

妹尾正教さん

text：河上直美

　社会福祉法人として100年近い歴史がある仁慈保幼園ですが、20年前に思い切って教育方針の改革をしました。子どもたちが保育者の掛け声の下で同じように活動するのではなく、子どもたちそれぞれの興味関心や探究心を大人がサポートする、というアプローチです。その場合、園内だけが学びのフィールドでは実現は難しい。子どもたちはもちろん、私たちもわからないことを教えてもらうため、地域に出て街の人にも先生役になってもらうという考えに至りました。

　例えば園庭の片隅でお米を作ることにした時のこと。お米ができたらどうやって食べようか？となりますよね。ある子どもが、「米からお団子ができるらしい」と言い出しました。そこで作り方を近く

のお団子屋さんに聞きに行こうとなり、子どもたちが拙い言葉で電話をしてアポをとります。数人で訪ね、慣れない字で一生懸命メモをとり、商品の種類の多さに驚き、こんなお団子を作ってみたいと夢が広がっていきます。次は私たち大人の出番です。石臼を手に入れて一緒にお団子をつくります。そうしてようやくお団子ができ上がったら、子どもたちはお団子屋さんに持って行きたいと言うんです。子どもたちはこの経験を通して、「あのお団子屋さんのおじさんはすごい！」となり、おじさんも私たちの存在を気にかけてくれるようになります。それが私たちの考える地域に開かれた園です。そのような取り組みをずっと続けてきました。今回小田急さんの下北線路街における要

望が「地域にひらいた子育て拠点」ということで、私たちに声をかけてくださったのだと思います。

お話をいただき、さてここ世田谷代田の園をどうしていこうかと考えました。これまでの園ではセキュリティや広さなどの問題上、園の外に出ていくという一方通行でした。でも今回は広さもありましたのでセキュリティに充分配慮したコミュニティスペースやギャラリーを作ることで、外から人を招き入れるというチャレンジに取り組むことにしました。今まで通り地域にも出ていきますが、地域の人にも来ていただくことにしたのです。

先日は、下北沢の劇団の方々にこのコミュニティスペースを貸し出しました。私たちは使用料をいただきません。子ども向けの演劇をする必要もありません。ただし条件があります。それは、必ず子どもの見えるところで練習をしたり、子ども向けのワークショップをしてもらうということ。いきいきとしている大人を見ることで、子どもが憧れる世界が広がっていくんです。

これは昭和生まれのノスタルジーかもしれないですが、商店街のアーケードのすぐ近くで生まれ育った僕としては、幼い頃の原風景がなくなってしまうのはとても寂しいことです。路地がたくさんあっ

て、そこで低学年から高学年まで一緒になって遊んだり。ここ代田は、賑やかな下北沢駅周辺から徒歩ですぐの場所なのに、まだその雰囲気があるんです。近くの家からよく音楽が聞こえてきたり、夕ご飯の美味しそうな匂いがしたり、いつも「おはよう」や「おかえり」の挨拶をしてくれる商店のおじさんおばさんがいたり、お隣のBONUS TRACKの若者たちとは、まるで調味料を借り合う間柄だったり、あたたかい人たちがしっかり支えてくださっている。そういう距離感がとてもいいなと思います。

園の職員ともよく話しますが、目の前の子どもたちが40-50年後に社会の中心にいることになるでしょう。子どもたちは、シナプスがつながっていく時期である今、人生の基礎となる価値観を得ています。これから彼らは、自分の足で歩いていかなければなりません。時には人の助けを借りながら、時には人を助けながら、最終的には自分でしっかり決断できるように、いろんな経験をしてさまざまなフィールドを持って欲しいと思います。ここ代田で、大人も子どもも地域の人も一緒になって、「地域」という文化を作りながら子どもの学びを共に支えていく、そういう考え方で私たちも成長していきたいと思っています。

園内風景

写真：nao mioki

写真：nao mioki

コミュニティスペース「ピアッツァ」でのイベント時の様子

写真：nao mioki

「動物がつなぐ世界」展（2021年11月）

第7ブロック

SHIMOKITA COLLEGE 事業者「HLAB」の声

HLAB inc
代表取締役
小林亮介 さん

同 取締役 COO
高田修太 さん

text：河上直美

小林亮介さん　　　　　　高田修太さん

イノベーションを生む場所

　SHIMOKITA COLLEGE（シモキタカレッジ）は、「居住型教育施設」と説明していますが、教育施設といっても、この施設で授業を受けるわけではありません。毎日の生活の中に、学びにつながる仕掛けを組み込んだ施設、というのが適当かもしれません。COLLEGEとは本来、学部を横断し、研究者、教師、学生たちが共に生活し、多様なコミュニティの中で学ぶ教育形態を指す言葉です。イギリスから始まり欧米では広く取り入れられている形態ですが日本ではまだ少なく、日本の若い人たちにもそのような経験をして欲しいと思い、高校生、大学生、若手社会人までを対象に、日常生活を共に過ごすシモキタカレッジを立ち上げました。

　シェアハウスやコ・ワーキング・スペースは、今では日本にもたくさんあります。でも、ただ同じ場所に置かれ、そこに素敵な共用スペースがあったとしても、イノベーションや気づきが生まれるかは疑問です。日本においては、まず多様な背景を持つ人々と協働するスキルセットが必要だと思います。お互いの違いを引き出し、しっかり認識し、共存し、違いをいかに力に変えていけるか。それをトレーニングするためにも、共に生活する環境は最適だと私たちは考えています。

　共同生活の中に、学びにつながるきっかけをどう組み込むかが私たちの腕の見せ所です。皆が必ず使うランドリー前に広めの共用スペースを設けたり、寮生が

偶然にすれ違うための仕掛けをあらゆるところに仕込んでいます。寮生活のルールについても運営側がサポートしすぎず、寮生と共にシモキタカレッジを作っていくというスタンスです。共に生活をしていくと、問題点を感じることもあります。カレッジ内でそうした声が挙がった時に話し合う場として、カレッジライフ委員会という場があります。そこで寮生同士話し合い、お互い納得のいく解決方法を探っていきます。時には年齢性別がバラバラなチームを組み、ご飯を食べに行く日を作ったりもします。半強制的にSlackで2人をマッチングさせてコーヒーを飲みながら話しをする、コーヒーチャットという文化もあります。われわれとしては、偶発的な学びのきっかけを生活の中にさまざまに仕掛けることに徹しています。アメリカの寮では、スタディブレイクの時間に食堂に寮生を集める方法として、ブラウニーを焼いて、その香りでおびき寄せていました（笑）。それも一つの仕組みですよね。

余白時間を学びに変える

テクノロジーの力で、学びのコンテンツをオンラインで簡単に、しかも安価に手に入れることが可能になり、今や学びは公共財となりました。学びだけではなく、日常生活全てにおいて効率が追求され、そこに可処分時間が生まれました。ではその余白時間をどのように使うかをこれからは考える必要があります。私たちの場合はその時間をいかに学びに結びつけるかを考えています。余白時間では、「わざわざ学ぶ」のではなく、「知らない間に学んでいる」のが理想的です。地域に対しての関わり方も同じように考えています。カレッジから「地域に出ていくプログラム」を作るのではなく、寮生が自然と「地域の人たちと知り合い、触れ合う仕組み」に重きを置きます。学生のインセンティブがバイトであるならば、地域の魅力ある素敵なお店と組んでバイトマッチングの仕組みを作ろうと計画しています。その方法だと、「街に関わること」を意識していない寮生が、自然と街に関わることになります。もし地域の課題解決をするならば、街の人と話し、気づき、必然性を感じた時にその解決方法を地域の人と寮生が共に考えることになるでしょう。そんな風にカレッジがこれからシモキタの街の一部になっていければと思います。そのような仕組みを作ることで、学びにつながる新たな文化を日本全国に広げていきたいと考えています。

SHIMOKITA COLLEGE プロジェクトスキーム

オーナー・事業統括

odakyu ELECTRIC RAILWAY
小田急電鉄

マスターリース

地域との関係構築や
広報活動で連携

新規プロジェクトで協力
（空き家活用、新世代賞）

施設運営

UDS
UDS

教育プログラム運営

HL♭B
HLAB

●プログラムの企画・運営に
　関して業務委託
●オフィスの賃貸借

サブリース

プログラムの実施
入居者へのメンタリング

入居者
（大学生、社会人、高校生）

下北線路街の
施設と連携

地域

━━━：契約関係あり
■■■：契約関係なし

SHIMOKITA COLLEGE 1Fの共用スペース

写真：nao mioki

寮生インタビュー

写真：nao mioki

（株）リクルートにてSaaS関連部門に従事。2020年12月に0期生*として入居。2021年8月より運営側のスタッフとしても関わっている。

江口未沙さん

「カレッジには好奇心旺盛で、自分の手で何かをやってみたいという人が多いです。そんなみんなと話していると、自分の中の好きなことが顕在化されて、世界が広がっていくような気がします。寮生活中に、転職や副業など仕事に関する変化があった社会人寮生は7〜8割も。カレッジのそのパワーを街を舞台に使ってみたら面白いと思うのですが、だからといって寮生が地域の課題解決をするというのは『偉そうな感じで何か違う』とみんなで話していて。カレッジ内で何気なく話しているうちに、こんなこといいよねと進んでいくことの方がうまくいく気がします。そんな風に、地域とも関われたらと思っています」

写真：nao mioki

オーストラリアシドニー大学在籍中。コロナ禍のため日本に2020年夏帰国、0期生として入居。現在、大学の授業はオンラインで受講している。

和田拓也さん

「アメリカの大学寮に大統領が訪問するように、カレッジに興味を持ってくださる著名な方々がよく訪れてくださるんです。先日は、僕が以前からお話ししてみたいと熱望していた学者の方が、偶然ラウンジにおられて驚きました。地域企業の方も、ご自身の事業について話しに来てくださいます。カレッジの大きな利点の一つがネットワーク。卒業生が多くなれば、カレッジのネットワークが強化されそうで楽しみです。自分だけのネットワークでは出会えない方々と知り合えますから。寮生同士話すのもまた楽しくて。ランドリールームでたまたま一緒になった寮生と話していて、気がつけば朝になっていたこともしばしば。カレッジは住む場所であり学びの場所であるけれど、家でも学校でもない、特殊な場所ですね」

＊ 2021年4月の正式開校に先駆けて、34名の学生と社会人が0期生として入校した。

第4ブロック

温泉旅館 由縁別邸代田 隣接
「合心酉庵」事業者の声

「合心酉庵」オーナー
伊東祐彦さん

text：河上直美

「合心酉庵」は、炭火焼鳥をメインにした鶏や鴨料理を振る舞うお店で、代沢で私が15年前より経営する手打蕎麦店「打心蕎庵」、下北線路街「NANSEI PLUS」内に2021年1月にオープンした洋食屋「ボナボナペティ」の姉妹店にあたります。店名の由来は、下北線路街でつながった東北沢から世田谷代田までの地域の皆が「心を合わせて（合心）」街を盛り上げていく交流の場となって欲しいという想いを込めました。

お店のある代田の街はとても落ち着きのあるエリアです。そこで、周辺の雰囲気に馴染むよう、小田急さんがまず木造建築の温泉旅館を建て、それに隣接して木造平屋の店舗を計画されたので、当店はまるで昔からここにあったかのような佇まいとなりました。お店づくりについては設計段階から私も参画し、理想のお店を実現するために小田急さんと議論を繰り返し、時には建築計画にも反映してもらいながら、細部までこだわったお店づくりを進めてきました。四季を感じられる周囲の植栽も美しく、下北線路街の中でも異空間と言えるのではないでしょうか。是非、気軽にお店にもお立ち寄りいただきたいですね。

私は代沢で生まれ育ちました。下北沢の街というといつも賑やかな様子を思い浮かべるかもしれませんが、私の子供の頃はもっとのんびりとした雰囲気がありましたね。かつて駅前には闇市から生まれた食品市場があり、その後背地には文人墨客や政治家のお屋敷が立ち並ぶといった多様な層が共存している街、という面白さがありました。街が変化していくことは大歓迎です。変化の中にも昔ながらの良さを保ちつつ、大人も若者も共存して楽しめる街であればさらに良いと思っています。

写真：nao mioki

合心酉庵 入り口

第2ブロック

世田谷代田キャンパス内「DAITADESICA from 青森」事業者の声

DAITADESICA from 青森 / 共同オーナー

南 秀治さん

text：河上直美

　ここ世田谷代田に青森県の食材を取り揃えるお店ができるのは、偶然であり必然であったのかもしれません。小田急さんからどんなお店があったら街の人が喜ぶか相談があり、そこから縁あって、青森県黒石市の農業法人アグリーンハートと東京世田谷代田の家具屋である僕が出会い、共にお店を開くことになりました。離れた場所にいる僕らの共通項は「ものづくりの未来を考える」こと。食べものも、家具や雑貨も、いいものに触れることでその本当の良さを知ってもらう、というスタンスは出会った当初から僕らが打ち解けるベースとなりました。もう一つの共通項は「超地域密着型」であること。それはお店が長く続く鍵だと思うんです。

　地方の物産を都会の、それも都心の一等地で売ることは、確かにたくさんの人の目に留まります。でも、それが継続的な売り上げにつながるかというと、必ずしもそうとは限りません。たくさんのものが溢れ、スピード感のある時間が流れる都心では、ものの価値を伝えたくても、なかなか思うようにはいかないこともあります。一方世田谷代田の街は、駅の半径1キロメートル内に3万5000世帯（2015年度国勢調査調べ）が住む住宅地です。世田谷代田駅の乗降客数は1日9000人くらい。街の雰囲気はのんびりしていて、地域内の人同士が顔見知り、というような街です。そんな場所だからこそ、対面で思いを交換しながら販売する商店がしっくり来ると思ったんです。

　夏には店先で青森からやってきたカブトムシを育てました。幼虫から見事成虫になる過程を子どもたちが毎日見に来ま

代田米

写真：新井智子
パッケージデザイン：kumakita design

す。そうすると親御さんたちも訪れます。日々の生活の中にこのお店を位置づけてくださり、たとえ買い物をしなくても交わす会話の中で、青森のことや、りんご以外にもたくさんある農・海産物のこと、どんな人がどんな方法で作っているのかなど少しずつ知っていただけている実感があります。そうして、美味しいものが代田の皆さんの食卓に並ぶようになればいいなと。このお店の一番の売りであるお米を食べてもらったら、その美味しさに必ず驚いてもらう自信があります。

お米ファンづくりのために、「DAITANBO（だいたんぼ）プロジェクト」を2020年から始めました。1口5000円からの出資で、青森県黒石市の有機栽培田んぼオーナー「だいたんぼクルー」になっていただくのですが、1年目は約70人の方が参加してく

ださいました。適正価格で持続的に生産できるようになるには200人が目標。目標達成もそう遠くはなさそうです。収穫されたお米の一部は「代田米」として売り出されます。代田で作ってはいないけれど代田の方々がオーナーになって作った代田米です。プロジェクトを通じてお米が育つ様子を知ると、自分たちの代わりに農家さんに作ってもらっている、という感覚が生まれます。それが、ものとお金の健全な流れにつながるのではないかと思います。

青森県と東京世田谷代田、離れてはいるけれどお隣の街のように付き合える関係が築けるのが理想です。便利な時代だからこそ、お互いの存在が感じられる関係を東京の街で作り、子どもたちにつなげていきたいと思います。

子育て支援事業者
「北沢おせっかいクラブ」の声

一般社団法人 北沢おせっかいクラブ 代表理事

齋藤 淳子さん

text：河上直美

先細る街の将来

　夫婦共に音楽や演劇が好きで、「思い立ったらすぐにライブに行けて、芝居が観られる街って良いじゃない」と、1996年の第一子出産をきっかけに世田谷区北沢に引越してきました。世田谷区は若い人が多い場所、というイメージがありますよね。でも住み始めてから、ここ北沢には周りに子育て世帯が少ないことに気づきました。その上ワンオペだったので、とても子育てがしにくい環境だと感じました。2人の息子が小学校に入って少年野球を始めることになり、そこで出会ったママ友たち6人が、実は「北沢おせっかいクラブ」のスターティングメンバーです。小さな小学校だったのでPTAやいろんな役員を引き受けてしまうメンバーで、少年野球のスタッフや学校の親たちから「おせっかいさん」と呼ばれていたんです。

　2014年から、世田谷区では中学校区に1つを目標に、子育てサポート拠点「おでかけひろば*」設置の動きが始まりました。私たちのような民間団体が自宅などで運営する、いわゆる民設民営のひろばが多いのが世田谷区の特徴です。当時北沢地区には子育て支援施設がまだなく、「あなたたち、おせっかいさんでやってみたら？」という周囲の声を受け、手をあげることを決意しました。私たちの子ど

もは中学生になっていて子育てはひと段落していたのですが、ちょうど近隣の3つの小学校が統廃合されるという話が持ち上がっており、先細っていく地域の将来に不安を感じていました（その後小学校は1校になる）。今から小学生のいる世帯を増やすことよりも、この地域を赤ちゃんの育てやすい環境にすることの方が大切だと思い、子育て拠点の運営に踏み切ったんです。

そうして北沢に念願の「おでかけひろば ぼっこ」がオープン、後に一般社団法人化し、現在は代田に「おでかけひろば cobaco」と2箇所のおでかけひろばを運営しています。

子育て視点で見るシモキタ

改めて、子育ての視点で下北沢の街を見ると、ベビーカーが押しづらい狭い歩道、育児グッズを取り扱うお店がほとんどない、授乳・おむつ替えのスペースがあまりない、などの問題があって、子連れで楽しめる街じゃなかったんですね。私自身も子育て時期に下北沢の街を歩くことはほとんどありませんでした。でも、

2019年に「下北線路街 空き地」ができて、この場所に親子が自然と集まる様子を見てこれは良い空間だと感じたんです。そこで小田急さんと空き地運営を担当するUDSさんにご協力いただき、2019年12月に第一回の「シモキタおやこのまちつどい市」を開催することができました。フタを開けてみると、驚くほど多くの親子が集まって下さって。ちゃんと子どもたちがいるんだ！と嬉しくなりました。周りに住んでいるのに、集まれる場所がなかっただけだったんですね。さらに2021年に商業施設「reload」がオープンすると、その中にとっても綺麗な授乳スペースができて話題騒然となりました。計画の中にしっかりと子育て世代への配慮が感じられていて嬉しかったです。

自慢できる街に

おせっかいクラブを始めて8年目ですが、地域の方々からたくさんのサポートをいただけていることに感謝しています。フードバンクを立ち上げるとなれば、しもきた商店街振興組合理事長の柏雅康さんがいろんな方々とつなげてくださり、本

シモキタストリートプレイ

多劇場の総支配人の本多愼一郎さんが舞台道具の技術で棚を作ってくださったり。BONUS TRACKでは、DARUMA KIDS PARK というキッズイベントも開催されていますし、BONUS TRACK脇の区道で"シモキタストリートプレイ"という子どもも大人も楽しめるイベントをしたいとなったら、下北沢リンク・パークの谷口岳さんが道路占有許可のために尽力してくださったり。何より、私たちが使える"場"を小田急さんが作ってくださったことで、街がより味わい深いものになりました。下北線路街ができて、他の沿線の子育て支援仲間に「いいでしょ」って自慢しています。

　おせっかいクラブのメンバーは今では22名になりました。当初赤ちゃんだった子どもは小学生になり、利用してくれる親子も増えています。この親子たちが、「おでかけひろば」内だけで完結するのではなく、街とつながってくれたらいいな、と思います。メンバーの中には、下北線路街がきっかけで、シモキタ園藝部で活動するようになった人もいます。ファミリーのイメージがなかった下北沢ですが、自然な流れで親子で楽しめる街になっているかもしれませんね。

＊ おでかけひろば
主に0歳から3歳の子供と保護者 (これから子育てを始める親を含む) を対象とした、思い思いにゆっくり時間を過ごせる場。育児相談ができる。運営主体は公募、区からの補助事業として運営する。

シモキタおやこのまちつどい市

下北線路街完成までの流れ

フェーズ1（インプットの期間）	2004年	9月	小田急線下北沢地区地下化着工
	2013年	11月	小田急電鉄・世田谷区ゾーニング構想 「下北沢地区上部利用計画」発表
	2015年	11月	向井隆昭 下北沢開発プロジェクトチームに参加
	2017年	7月	橋本崇　下北沢開発プロジェクトチームに参加 （→P32「3-1. 歩くことからはじめる」）
		9月	橋本崇　北沢PR戦略会議に初参加 （→P28「2-4. 住民側の状況『北沢PR戦略会議』」）
		10月	「全体構想」策定 （→P38「4. 全体構想を策定する」）
		12月	BONUS TRACK 開発ワークショップ実施 （→P43「4-5. 個人事業主を受け入れる仕組みを考える」）
	2018年	3月	「基本計画」策定 小田急線下北沢地区地下化、複々線完成
		7月	北沢デザイン会議にて、「基本計画」を住民に提示 （→P46「4-7. 地元説明『北沢デザイン会議』」）
		9月	「基本計画」社内承認により具体的な開発計画の深度化への 取組開始 （→P46「4-7. 地元説明『北沢デザイン会議』」）
フェーズ2	2019年	2月	北沢デザイン会議にて、「開発計画」を住民に提示 （→P56「5-1. 計画発表『下北線路街』出発」）
		3月	複々線化事業・連続立体交差事業完了 （株）散歩社 設立
		4月	世田谷代田キャンパス オープン
		9月	「開発計画」記者会見、及び住民向け公式発表会開催 （→P56「5-1. 計画発表『下北線路街』出発」）
			下北線路街 空き地 オープン （→P64「6. 街の人による、街と自分のための活動」）
		11月	シモキタエキウエ オープン

フェーズ2（アウトプット、住民との対話の期間）	2020年	1月	CAFÉ KALDINO オープン
		3月	シモキタ園藝部発足 （→P68「7-1. 街づくり活動の自立自走モデル」）
		4月	BONUS TRACK、世田谷代田 仁慈保幼園 オープン
		9月	由縁別邸 代田 オープン
		12月	SHIMOKITA COLLEGE オープン
	2021年	4月	エリア事業創造部発足 （→P62「5-6. 地域価値創造企業に向けて」）
		6月	reload オープン
		7月	まちのコイン「キッタ」本格導入 （→P69「7-2. 街への愛着を高めるために」）
		8月	シモキタ園藝部法人化 （→P68「7-1.街づくり活動の自立自走モデル」）
		9月	ADRIFT、MUSTARD HOTEL オープン
	2022年	1月	NANSEI PLUS 先行オープン （（tefu）loungeと路面店）
		5月	NANSEI PLUS 本格オープン （シモキタ園藝部の拠点、アートギャラリー） 下北線路街全エリア完成
			シモキタ園藝部事業拠点 オープン

フェーズ3（新たな事業創出、共創の期間）

下北線路街 空き地に、地域の人々が自宅から持ち寄った植物

2

地域の人たちが
はじめた挑戦

コミュニティシップ溢れる街のつかいかた

コミュニティシップとは、地域住民が街や街の人と積極的に関わり・楽しむ意識や態度のことを言いますが、第2章ではシモキタでコミュニティシップを発揮し、街と楽しく関わっている人たちの考え方や姿勢をご紹介します。いわばコミュニティシップに満ちた人たちによる「街のつかいかた」編です。

商店連合会 会長の場合

下北沢商店連合会会長
柏 雅康さん

出る杭は打たずに支える

text：吹田良平

進んだ針は戻さない

小田急線下北沢駅周辺を取り囲みながらさらに北に伸びるのが世田谷区北沢地区。ご祖父が戦前から下北沢駅前の食品市場で鮮魚店を営んでいた下北沢3代目で、下北沢にある6商店街[1]の連合会長を務める柏雅康さんは、かつての下北沢を次のように話す。

「祖父の時代、下北沢は駅前の食品市場を中心とした生鮮食品の街として繁栄していました。新鮮な食材を求めて町田方面から電車で買いに訪れるお客さまもいたほどです」。やがて、各地に食品スーパーマーケットが進出、下北沢からほど近い新宿や渋谷にある百貨店の食品売場も充実し、食品市場は衰退。次第にファッションの店が進出し、80年代になると下北沢はファッションの街へと変貌していく。

実は柏さんはご祖父から、近い将来、小田急線の線路が高架化して街は大きく変わると言われ続けてきたという。

「補助54号線は幻の道路と言われ、いつになるか分からない。でも小田急線の高架化はすぐにできると、祖父の時代から聞かされて育ちました。それが父の時代になっても工事は始まらず、やがて計画は高架から地下化に変更し、私の代になってようやく着工

▼1 6商店街
下北沢には次の6つの商店街が存在する。下北沢一番街商店街振興組合、しもきた商店街振興組合、下北沢東会・あずま通り商店街、下北沢南口商店街振興組合、下北沢南口ピュアロード新栄商店会、代沢通り共栄会。下北沢商店連合会はこれら6商店街で構成する連合組織

から完成までを迎えることになったのは感慨深いです」。

　柏さんが、しもきた商店街振興組合の理事長に就任したのは小田急線下北沢地区の工事が着工した翌年の2005年。ご祖父の世代が商売の街として下北沢の基礎を築き、父親の世代が商店街組合活動を本格化させ、自らの世代になって地下化工事の完成を迎えるという、この街の変遷とともに育ったことになる。

　工事が始まると来街者の減少も予想される中、街が工事中も魅力を保つにはどうするか、完成後の街をどう魅力的にするかなどを仲間たちと話し合い、必要に迫られては東京都や世田谷区、小田急電鉄などとも協議を始めたという。

　「鉄道会社が行う街づくりは、はっきり言ってどこも一緒。駅前はどこも同じ顔になりがちです。電鉄会社の商業施設に入居するためには、定休日、営業時間の統一ルールから始まって、売上歩合賃料や最低保証額の設定など、街の商店主にはなかなかハードルが高い条件が提示されます。自ずと地元商店の出店の道は閉ざされる。ここはそういう街にはしたくない、と小田急側にはっきり申し上げました」。

　その甲斐あってか、下北線路街にある複合商業施設、ボーナストラックもリロードも、個人店主に近い個性ある店が連なっている。柏さんも、低層の建物でテナントも下北沢らしい個性が出ていると評価する。

　「下北線路街がきっかけになって、デベロッパーの考え方が変わって、これまでの紋切り型の開発から街の個性を大事にするスタンスになればと思います。その意味で下北線路街は他に先駆けて新しい試みを形にしました。そうしたチャレンジ自体が下北沢らしいと思います」。そして彼はさらに続ける。

　「せっかく小田急が行ってくれたこうした新しい取り組みが失敗に終わらないように、私たち街の側も期待に応えていかなくてはと、仲間と話し合ってるところです。こういう開発を他の街にも展開していけるよう、下北沢を成功事例にしなくてはいけない」。

　小田急電鉄による街づくりの新しい試みとして、ようやく進ん

提供：しもきた商店街振興組合

下北沢映画祭

だ針を逆戻りさせてはならないという街の側の姿勢が興味深い。

シモキタ文化のインキュベーター

　下北沢の街の人の気質はどうだろう。鉄道が地下化され、一時的に誕生した細長い空き地を使って、本物の流鏑馬（やぶさめ）イベントを行ってしまう下北沢の人たちのマインドセットとは。

　「正直、人と違うことをしたいというのはあります。前と同じことをしてても面白くない。だから、若い人が、こんなことをしたいと言ってきたら、意見を尊重するようにしています。せっかくやる気がある人がいるなら、それを伸ばす応援をしないことには新しいものは生まれません。第一、次の世代が育ちません。僕自身がそうされてきましたから、『ムリ、ダメ』と言われたことがないから今があると思っています」。

　2021年で13回目を迎えた「下北沢映画祭」もそうした街の気風を物語る一例だ。この映画祭イベントは、そもそも、商店街の発案ではなく、映画好き、下北沢好きの街の外の人から持ち込まれた企画提案だったという。街からの支援集めに苦労していることを耳にした柏さんは、自らの商店街が率先して協力することを決定。また、実行委員会の運営に脆弱さを感じた彼は、区の担当者と掛け合って区からのバックアップを引き出すための支援▼2を行ったほか、他の商店街や町内会に受け入れられるための方法を助言していった。

　「せっかく街と関係のない人が想いを持って下北沢に持ち込んだ企画です。街にとっても集客のメリットがある。これは何らかのお手伝いをしないと」と振り返る。2021年の13回目には小田急電鉄が独自の賞を設けたほか、新たに開業した駅前の複合施設、テフラウンジにはミニシアターが導入されるなど動きが次々と伝播していく。こうして演劇、音楽の街下北沢に新たに映画という文化が加わり、いつしか根付いていくことになる。

▼2 区の支援
下北沢の街を舞台に行われているタウンイベント、下北沢音楽祭、下北沢演劇祭はともに世田谷区が後援者として加わっている

流鏑馬イベント光景（2019年10月6日）

地主、商店街組合副理事長の場合

しもきた商店街振興組合副理事長 街づくり委員長

小清水克典さん

創造への挑戦は
やがて消費を超える

text：吹田良平

いい人材は外にいる

　下北沢で生まれ育ち、現在は不動産管理業、飲食店経営のほか、しもきた商店街振興組合副理事長を務める小清水克典さんは、元テレビ番組制作会社勤務の経歴を持つ。そこで培ったノウハウを活かしながら、街づくりに奮闘している街でも目立つ存在だ。

　「商店街が抱えている問題って多岐にわたりますよね。例えば、会員の高齢化とか、新規入会者の減少とか。その結果、決定に時間を要してしまったり、いざイベントを実施する段になってもマンパワーが足りなかったり。だったら、やりたい人にやってもらうのが一番良い」。

　小清水さんの場合、たとえ商店街組合以外の人でも街で何かやりたい人がいれば、参加してもらい実行してもらう。そこからノウハウを吸収すれば、商店街のナレッジとして蓄積できる。将来、商店街の問題を解決する際の知恵やノウハウにすればいい、という考えだ。その顕著な例が、「学び」や「気付き」をテーマにした参加型まちづくりイベント、下北沢大学だ。

　2010年にスタートした下北沢大学は、ものづくり、アート、デ

ザインの力で下北沢を活性化させようと取り組んだイベントだという。発足当時、実行委員14名のうち商店街会員は4名のみ。あとは外部の人たちで構成されている。事の起こりは、街の開発で駅前に工事の仮囲いが大量に設置されたことに由来する。壁の色は白くても壁の存在は、人の移動を遮断し、意思疎通を閉ざし、ひいては心を閉ざしてしまう。

「そうした街のネガティブ要素をポジティブな要素に変えたかったんです。そこで、壁の表面にデザインを施すことで、ネガをポジに変えるプロジェクトを行いました」。

あるいは、建物と建物の間には通常50センチメートルほどの隙間が存在するが、そこはごみ捨て場になりがちだ。一方、そこにアート作品を設置することで、目をそらせたい場所から写真撮影スポットへと変容する。このように街の至る所に存在するネガティブな空間をポジティブな空間に変えていくのが目的だ。

「こうした発想は、やはりデザイナーとかアーティストとか、商店街の外から持ち込まれることが多いんです。下北沢にはありがたいことに音楽や演劇、映画といった文化が根付いています。そこにアート＆デザインやクラフトの文化を加えてみてはどうか、そんな試みでもあります」。

今では、全国に複数ある市民大学プロジェクト。しかし下北沢大学の場合、街の洋服屋で売られていた、下北沢大学とプリントされたパロディTシャツが名前の由来だとか。

「大学と名乗ってますから、音楽でも演劇でも、ソーシャルクリエイティブでも子育て支援でも挑戦したい人がいれば、テーマを設定して柔軟に学部を増やせますでしょ」。

いかにも下北沢らしい肩の力が抜けたアプローチだが、この活動、東京都内商店街の優れた取組みを表彰、紹介する都のコンテスト、「東京都商店街グランプリ」で2012年グランプリを受賞している。

「商店街組合はとかく自前主義、自己完結型になりがちです。そうして閉塞していった挙句、自分たちの首を絞めることにつながります。目的が『街をワクワクさせること』であれば、その手段は

提供：しもきた商店街振興組合

毎年春分の季節にしもきた商店街で開催されるイベント「ちびっこ天狗道中」。
天狗の面をつけた子どもたちが、豆をまきながら商店街を練り歩く

柔軟でオープンであるべき」。

そう語る小清水さんたち商店街の姿勢は明確だ。「いい人材は(商店街の) 外にいる」「自分たちでできないのであれば、よそのできる人と組めばいい」の視点を持ち、「商店街は下北沢を楽しく動かしてくれる人たちのプラットフォーム」となることに徹底している。そしてその姿勢は、見事、下北線路街に受け継がれるに至った。街を舞台に何かに取り組みたい人を支援するという、例の「支援型開発」コンセプトだ。

起業精神の火を守る

小清水さんたち商店街が取り組んでいる、下北沢らしいもう一つの取り組みがある。「起業支援セミナー」だ。これは、商店街組合が地元の金融機関を巻き込みながら実施している起業家支援の取り組みだ。

「ありがたいことに、下北沢で起業したい人は大勢います。彼らはアイディアもあるし熱量も高い。ところが資金がない。そこで、同セミナーでは資金計画の立案の仕方などを教えて、融資を受ける術を身につけてもらおうというプログラムです」。

背景にあるのは、下北沢が大手企業による店舗で覆い尽くされ、街の個性が失われていくことを避けたいという切実な想いだ。

「近年は大資本が街にどんどんやってきて、財務体力の脆弱な起業予備軍の入り込む余地がなくなっている状況です。もともと下北沢は、駅前に立った闇市から発展した駅前食品市場が街の賑わい形成の原型。つまり、市場文化やチャレンジ精神がこの街の真骨頂です。それを継続させていくためにも、起業予備軍が活躍するための環境整備は私たちの重要な役目です」。

かつては生鮮産品、現代はスペシャルコーヒーやワインなど、扱う商材の違いはあれ、スモールビジネスに優しい街の火を灯し続けたいという想いは、同じようにここで一旗上げた、彼らの祖先の血が後押ししているのかもしれない。

消費から創造の時代へ

　下北沢は、音楽や演劇、あるいは古着といったモノや時間を消費する街という顔の他に、音楽や演劇を生み出す街、新しい製品やビジネスを生み出す街という顔もある。その創造力やパッションは下北沢の力強さであり魅力の一部だ。つまり、モノや時間を消費する人と同様に、物や文化を創造する人に対しても開かれた、創造の街ともいえる。欠乏充足の時代をとうの昔に過ごした私たちは、果たして現在、消費に惹かれるのであろうか、それとも創造に惹かれるのであろうか。

　下北線路街は、開発の過程で担当者が下北沢の街に深く入り込み、人に会って話を聞き、その規模、形、空間、内容を地元と練り上げていった成果物である。街の人に上記の気質や街に上記の気配を感じ取ったからこそ、主役はデベロッパー自身ではなく、デベロッパーが作った場と機会を使いこなす地元の人とし、商業施設の床を新たに起業する人や個人店主に割り当てた。これは、消費する人同様、創造する人をも尊重する開発の実践に踏み切ったとは言えないだろうか。

　小清水さんはこう言う。

　「小田急は下北線路街を開発するにあたって、一緒に計画内容を考えていきましょうのスタンスを取りました。通常、大手企業はすでに社内決定した計画を報告するために地元にやってきます。彼らが模型やスライドを使って言うのは決まって『これでやります』『これをやります』止まり。今回、せっかく『一緒に考える』方法を実践したのですから、是非このスタンスを継続して欲しい。一緒に考える一つのムラという意識は商店街も町内会も大歓迎です」。

　最後に、小清水さんは釘を刺すことも忘れなかった。

　「大手企業の場合、担当者が変われば、それまでの考え方や姿勢も一緒に変わってしまうことがよくある。また昔に戻って『これでやります』の結果報告は聞きたくない。是非、継続していけるシステムを作ってコンセプトをつないでいって欲しい」。

提供：しもきた商店街振興組合

上：しもきた商店街 しもきたキッズハロウィン（2016年10月）
下：しもきた商店街 ちびっこ天狗道中（2017年1月）

地主の場合

中原地所株式会社 取締役会長

齋田 孝さん

街がつながり、人がつながり、街は繁栄する

text：吹田良平

代田がまた新たな歩みを始めるために

　小田急線下北沢駅の西側一帯を占める世田谷区代田地区は、古くは江戸幕府が直轄する天領として、明治初期には新政府軍による江戸城総攻撃に備えて甲州街道沿いに陣を張るなど、時代と密接に関わってきた地である。そうした土地柄からか、代田の気風は社会の変化に対しては寛大だという。

　「変化をことさらに拒むということはないと思います。一方で、変化を受け入れるからこそ、先祖から伝わった文化や遺産を大切にするという意識も強くもっております」。

　そう語るのは、400年以上前、世田谷一帯を統治していた吉良氏没落後、代田を開拓した家臣七家「代田七人衆」[1]の一つ齋田家の齋田孝さんだ。

　6人から8人の人数で小気味よいリズムで餅をつく「代田餅搗き」（世田谷区指定無形民俗文化財）をはじめ、その継承を行う代田に三代以上続けて住む家で作る「三土代会」、あるいは、代田の氏神を祀る代田八幡神社の420年祭のエピソードなどから代田らしさを感じ取ることができる。

▼1 代田七人衆
後北条氏の傘下にあった世田谷の領主吉良氏が、豊臣秀吉の小田原征伐による北条氏の滅亡に伴い、領主としての地位を失った後、吉良氏家臣だった7つの家が代田を開拓。彼らを代田七人衆という

羽根木公園での三土代会による餅つき

「2011年の代田八幡神社の鎮座420年祭に先立ち、社殿の一部を改修しようと寄付を募ったところ、予想の3倍もの浄財が集まりました。おかげで拝殿を大規模修繕することができました」。

　420年祭の前夜に執り行われた遷座祭には、地元から多くの人が詰めかけ、それは晴れやかな気分で我らが氏神の移座を祝ったという。また、齋田さんの発案により、小田急線世田谷代田駅の地下化に伴う駅舎の取り壊しに先立ち、駅のお別れ会を盛大に催したという。

　「永きにわたり慣れ親しんだ駅舎です。これまでの感謝の意を示すとともに、鉄道の地下化とその上部整備によって、代田がまた新たな歩みを始めることを皆で認識する機会になればと思いました」。

　約60年前に完成した環状7号線が、代田の街を東西に分断してしまった苦い歴史と比べ、今回の小田急線の地下化は、街の南北をつなぎ、東西を一つに結ぶ統合の時代の象徴となると齋田さんは話す。

　「下北線路街によって、線路の南北は元より、代田から東北沢までがつながれば、人の気分も動きも変わることでしょう。でも、古くから絆が代田の持ち味です。それを生かして人と人とが新たにつながり、それぞれの街に活気と繁栄がもたらされることを期待しています」。

提供：齋田孝（写真下）

2006年3月26日に開催された、世田谷代田駅旧駅舎お別れ会

住民、飲食店経営者の場合

歯科医師、下北沢東通り商店街副会長、
ミュージックバー「ネバーネバーランド」オーナー
下平憲治さん

積極的に変化を受け入れる
という価値観

text：吹田良平

下北沢に行けばなんとかなる

「下北沢の強さは、音楽、演劇、古着、古本、最近ではお笑いとかいろいろありますけれど、それ以上に、下北沢を好きな人が多いってことだと思います」。そう話すのは、下北沢居住歴40年余り、歯科医でありながら、ライブ・ミュージック・バー「ネバーネバーランド」を営む下平憲治さん。

2003年に東京都から、「街の中心を幅員26メートルの幹線道路が貫く」という計画[1]が発表されてすぐに、市民団体「Save the 下北沢」を立ち上げ、反対運動を始めた張本人でもある。結果として、同計画の第2期、3期工事は優先整備路線[2]から除外される結果となった。

一般的に、あらゆる開発計画には賛否両論意見が出る。それまでの秩序や習慣が変わる恐れがあるのだから当然だ。変化を警戒するのは人間の本能でもある。しかし、その反対の中身をもう少し覗いてみると、反対にはいくつかのパターンがあることに気づ

▼1 計画
1940年に計画され1946年に都市計画決定された東京都の都市計画道路「補助第54号線」。第1期工区〜第3期工区からなる段階整備計画

▼2 優先整備路線
東京都が定めた（「第四次事業化計画」）、おおむね10年間（平成28年度から令和7年度まで）で優先的に整備すべき路線

く。例えば、私利私欲のための反対、自己主張やエゴのための反対、闇雲に変化を認めない反対、そして、内容に対する論理的な反対だ。

「下北沢の場合、いわゆる反対のための反対は少ない気がします。もちろん、街の発展に逆行するような計画には頑として戦いますよ」。

小田急線の鉄道跡地開発「下北沢地区上部利用計画」に関してはどうだったのだろう。

「小田急線が地下化して地上から鉄道がなくなった。これは既成事実ですよね。この大きな変化は街が変わるチャンスにもなる。だからまずは、前向きな変化は認める。これを下北沢発展の契機と捉えて、どういう風に変わっていくべきか、そのために鉄道跡地はどうあるべきかを考える。下北沢の多くの人はそういう人たちです。それが下北沢の成熟した市民力だと思います」。

では、その成熟した市民力は、一体どこから来るのだろうか。

「下北沢には俳優も大学教授もミュージシャンも起業家も、もちろん学生も会社員も主婦もいて、それぞれ立場や関心毎は異なります。でも下北沢が好きっていう唯一絶対の共通の価値観をもっているんです。皆のその思いはとても強くて、そういう人たちが多い街は強い」。

下平さんによると、その人たちは皆、この街に住みたくて、この街で商売をしたくて、この街で遊びたくてやってきた、積極的に下北沢を選択してやってきた人たちだという。

「それほどまでに、アイデンティティをもった街だってことです。それはとてもかけがえのないことですし、守っていかなくてはいけない。さらにもっと進化していかなくてはなりません」。

ますます、その下北沢独自のアイデンティティとは何かを探りたくなる。何が彼らをそれほどまでに惹きつけるのであろうか。

「一概には言えないけれど、例えば、『下北沢に行けば何かある。下北沢に行けばなんとかなる』っていう期待を抱けることが一番かもしれません」。

そして実際のところ、本当にこの街に来れば「何かある」のだと

シモキタの街を会場とし、開催される将棋イベント「シモキタ名人戦」。
2021年で10回目を迎えた。下平さんは実行委員長を務める。

いう。この街では、至るところで新しい関係が生まれて、「何かが起こる」らしい。それがこの街の日常なのだという。

ここでは、肩書きや職業よりも、どんな会話ができるかが重視される。だから、分け隔てなく人と接するのだという。

「人と人が出会って化学変化が起こるじゃないですか、それを見るのが楽しいんです。この街ではそれが日常的に体験できる。それこそが幸せな生活ですよね。もっとたくさんの人に体験してほしい」。

寛容であることは決して容易なことではない。でもここでは、来る人を分け隔てなく受け入れることによって、受け入れた側が受け入れる楽しさ、つまり自身の化学変化を積極的に楽しんでいる。年齢を問わず、変化することの重要性を知り、身を持って実践している人が多い点に、この街の力強さがあるのかもしれない。では、変化の先にあるものは何か。

「下北沢は自由な街と言われることも多いですが、自由度が高いということは100%自分の能力を発揮できるということ。それはとても大事なことですね。SNS上でよくある個人攻撃や非難合戦に一喜一憂している場合じゃない。やりたいことに挑戦すればいいんです。下北沢にはそういう人がたくさんいますから、みんな応援しますよ」。

変化の先にあるのは、自らへの挑戦であり、そこには寛容さや温かく見守る目までがセットになっている。それが、「この街に来ればなんとかなる」の意味であり、この街の力強さのようだ。

「自ら探求し、学ぶことを尊び、仲間とともに成長しようとする人が多いことは確かだと思います。街の多くの人がそうした意識を持っている。それが下北沢の成熟した市民力ではないでしょうか」。

下平さんの下北沢愛は止まらない。

「音楽、演劇、映画のある文化の街として、『何かが起こる街』『なんとかなる街』として、世界に向けて日本を代表する街の一つになっていって欲しいと願っています」。

住民、商店主の場合

ダイタデシカ 代表、
ダイタデシカフロム青森 共同オーナー
南 秀治さん

ありがとうの交換で街をつなげる

text：吹田良平

かつては大商店街

　都内から世田谷区代田に移り住んで11年、IT企業のビジネスマンを辞めて家具工房を主宰、代田の街で家具製作のかたわらクラフトショップを営む南秀治さんは、この街に来たきっかけを次のように話す。

　「IT企業で営業・マーケティングの職に従事していたんですが、家具職人になるために、夜間の学校に通ってスキルを習得して、いよいよ工房兼店舗を探していた時に出会ったのが代田の街でした」。

　元クリーニング店であった物件を偶然見つけ、セルフリフォームでコツコツと工房兼店舗に仕上げていったという。当時はまだ会社勤めだったため、作業は夜間と週末に集中。夜一人で大工作業をしていると、街の人たちから「何屋さん？」「何やってるの？」と声を掛けられたという。

　南さんが住む代田地区は、江戸時代には幕府領の代田村として栄え、特に村の中央を南北に走る堀之内道沿いには500メートル

にも及ぶ「中原商店街」が形成、最盛期には200軒ほどの店舗が連なって繁栄した。[1]

世田谷代田ものこと祭り

　今も、わずかに残る旧堀之内道沿いで新たに工房兼店舗を始めようとする南さんに、地元の人たちが親しく声を掛けてきたのは、ここが持つ歴史的背景が影響しているのかもしれない。

　「今は店がほとんどない代田の街に、新たに店舗を開くことに対して不思議だったんだと思います。あるときは、良心からでしょう、別の街での開業を勧められたり、同情して差し入れを頂いたこともありました」。

　どうやら、南さんの挑戦は地元の人にとって時代の流れにそぐわないものに見えたらしい。一方、彼にとっては代田はとても暖かい居心地の良さそうな街として映ったようだ。2011年、工房兼店舗を開業させた南さんは、翌年、全国のものづくりの仲間を集め、街の空いているガレージや店の軒先を借りて、1日限りの展示イベント「世田谷代田ものこと祭り」を開催。

　「よそ者の僕に対して、最初から親切にしてくれた街の人への、ありがとうの気持ちとして、この静かな商店街をわくわくする場所にしたいと思ったのがきっかけです」。

　イベントを主催するにあたって、できるだけ多くの街の人と会い、内容を説明し信頼を獲得していったという。その過程で、誘われるままに商店会に加盟し、消防団に入団し、街の歴史や困りごとなども聞くようになる。

　どうやら南さんのスタンスは、声高に「街の活性化だ」、「賑わい創出だ」と叫びながら「街おこし」を目指す荒療治とは一線を画しているように見える。街のリズムや街の個々の顔を思い浮かべながらじんわりと体質を変えていく漢方薬のような取り組みだ。

　その甲斐あってか、回を重ねるごとに応援してくれる人も増え、代田商店会長 志賀三平さんの強力なサポートも得て会場も店の軒先から代田八幡神社の境内へと広がり、2021年には第10回目[2]を

[1] 参考文献：「だいたから2020特別号」(2020)、世田谷代田駅 駅前広場開場記念事業実行委員会 発行

[2] 第10回世田谷代田ものこと祭り
新型コロナ感染症による緊急事態宣言下で開催ができなかった記念すべき「第10回世田谷代田ものこと祭り」は、2021年9月26日「10年目のありがとう」のメッセージを記したアドバルーンを代田の空に浮かべた

数える代田を象徴するイベントに成長した。南さんは、1回目から変わらずイベントに込めている思いをこう話す。

「夏の1日だけ、代田の街を舞台につくり手とつかい手、地方と東京、代田の人同士がつながるきっかけを作りたい。そこではモノとお金の交換だけでなく、『ありがとう』を交換し合う関係の手がかりが見つかったらいいなと思っています」。

街の一市民から自分の街へ

南さんの元に小田急電鉄がやってきたのは2018年。下北線路街内の新施設、世田谷代田キャンパスのオープニングイベントの相談だった。

「正直に言うと、最初はあまり乗り気ではありませんでした。僕のスタンスは大手デベロッパーの手がける開発行為とは正反対のものでしたから。まあ、話だけは聞こうというつもりでお会いしました」。

訪れたのは、小田急電鉄エリア事業創造部 向井氏である。会って話を聞いてみると、開業イベントは街の人たちと行いたいと考えていること、地元に対する尊敬の念があったこと、デベロッパーは下地作りだけをして主体は地元の側にあること、以上の説明を聞いて、徐々に心を開いたという。結局、南さんはイベント企画に関わり、世田谷代田ものこと祭りで培った全国ネットワークに声を掛けながら、地元の商店主たちと一緒になって食をテーマとしたイベントを開催するに至る。

「これをきっかけに、向井さんとは何度も向き合いましたし、いろんな話をしました。今では、ものこと祭りの実行委員会にも参加してもらっています。会社員の域を超えた個人的な付き合いを深めています」。

地域の人々が、したいことをしたいようにする、そのための場と機会の環境づくりに徹するという小田急電鉄の開発姿勢「支援型開発」の実践が、次々に街の人たちの警戒心をほぐし、自分たちの楽しみのために街で何らかの活動を起こそうという人を増や

世田谷代田ものこと祭りの様子

している。街はそのようにして自分のものになっていく。単なる
「街の一市民」から「自分の街」への意識の変容だ。

ありがとうの交換

　「僕はモノとお金の交換だけで成立する取引より、もっと自然な
取引をしたいんです」。そう話す南さんの家具屋ビジネスは、「超
地域密着」がコンセプトだ。台車で行ける範囲のお客さましか基
本的には対応しないという。その代わり、家具の納品は元より些
細な修理、電気工事から水道修理まで、暮らしの側面でご近所さ
まに困っていることがあれば可能な限り対応する、そのために必
要となる事業免許を次々に獲得していったという。いわば「街の
家具屋」に徹するという姿勢を貫く。
　「十分これで事業は回ります。あなたに仕事を頼みたいと依頼さ
れ、あなたに頼んで良かった、ありがとうと直接言葉をかけられ
る喜びは代えがたいです」。
　こうした姿勢のきっかけは、会社員時代に感じた、財やサービ
スの交換が貨幣という手段だけに留まることによる違和感だとい
う。そうした世界、つまり市場主義経済の世界においては「安く
買って高く売る」ことが是であり、別にあなたでなくてもいいん
だよという虚しい前提条件が潜んでいることに気づいてしまった
というのである。
　「市場主義経済の世界にどっぷり浸かって、残りの人生もエネル
ギーを注ぎ続けるより、もっと楽しい生き方をしてみたかったん
です。お金という手段だけでは交換できない価値があると実感し
たんです」。
　南さんには、貨幣価値とは異なる別の価値の存在が見えている。
そして、それを確信に変えさせたのが、代田の人たちだったのだ。
　「突然、街に侵入してきたよそ者の僕に声をかけてくれるお婆
ちゃん、僕のために善意で骨を折って応援してくれるお爺ちゃん
たちと接するにつれ、物とお金の間の契約では交換できない価値
の存在を確信しました。それが、ありがとうの交換、思いやりの

交換です」。

　彼が主催する「世田谷代田ものこと祭り」のコンセプト「ありがとうの交換」や、顔が見えて機微を察知し合える地元しか仕事の対象としない「超地域密着主義」も、ありがとうの交換の実践であることがわかる。

　「まずは、よそ者を排除しない代田の人たちに、ありがとうです。『ものこと祭り』が多少話題になってから以降は、足を引っ張られたり、頭をコツンとされることもあるのかなぁと思ったりしましたが、一度もそんな経験はありませんでした。代田の人たちのその気持ちに、ありがとうです」。

　代田には、世田谷区指定無形民俗文化財の「代田餅搗き」という風習がある。この餅つきは、6人から8人の大人数で、小気味よいリズムとともに短時間で仕上げる独特のもので、全員の息が合うことなしには成立しない。今では代田の三地域で三代以上続けて住む家で作る「三土代会」が継承している[1]。代田は昔から結束が持ち味だという。こうした街のDNAは、新たに侵入してくる若者の人生まで変えてしまう力を持つ。

▼1 参考文献：「だいたから2020特別号」(2020)、世田谷代田駅 駅前広場開場記念事業実行委員会 発行

第10回世田谷代田ものこと祭り開催時、代田の空に浮かんだアドバルーン

写真：Seiji Oyabu

BONUS TRACKテナントの場合

omusubi不動産 代表
殿塚建吾さん

挑戦する人のための不動産、
自ら挑戦する不動産屋

text：吹田良平

大事な連絡はカジュアルな一報から始まる

　下北線路街の中にある複合施設「ボーナストラック」は、「本屋B
&B」や「発酵デパートメント」▼1などが入居する商業棟と店舗・
住宅一体型の長屋4棟からなる現代の商店街である。企画と運営・
管理を行うのは、この施設のために誕生したまちづくり会社、散
歩社。omusubi不動産は、散歩社とともに商店街の管理業務の一
翼を担いながら、ボーナストラック内で会員制ワークスペース、
シェアキッチンを運営、さらにテナントとしても不動産屋として
店舗を出店している。

　omusubi不動産は本来、古民家やレトロな団地、DIY可能な物
件などを中心に不動産の賃貸・管理・売買を行う不動産会社。下
北線路街への出店は同社にとって2店舗目となる。同社代表の殿
塚建吾さんは、ボーナストラックとの関わりについてこう話す。

　「最初の取っかかりは、10年来の友人である小野さんからSNS
で連絡をもらって、『ちょっと下北沢で地域の価値を高めるような
不動産の話があるんだけど』っていう相談を持ちかけられたのが

▼1 **発酵デパートメント**
発酵デザイナー小倉ヒラク
がオーナーを務める、各地の
ユニークな発酵食品・食材
やお酒など、発酵をテーマ
に品揃えされた専門店。併
設するカフェレストランで発
酵料理を味わうことができる

始まりです」。

　いつの時代でも大事な連絡は、このようにカジュアルな一報から始まることが多いが、殿塚さんもこうしてプロジェクトに入り込んでいった。主な役割分担としては、コンセプトやコミュニケーション、テナント選定、イベント企画・運営などは散歩社が、omusubi不動産は契約上の書類手続きや管理規約の作成など不動産専門分野に関わるアドバイス業務の担当だ。

コミュニティ・オブ・プラクティス（実践共同体）

　「先頃丁度、開業1年目を迎えたのを機に共益費の見直しを提案しました。テナントの方々に集まっていただいて、費用の実情をすべて開示してご説明いたしました。手探りでのスタートでしたので、こうして実態に合わせて修正していくのが大事なんですが、ありがたいことにテナントさんにもご理解頂けました」。

　ボーナストラックというプロジェクトに皆が賛同した上で出店していることがその要因のようだ。プロジェクトの理念を共有し賛同し合った、いわゆるコミュニティ・オブ・プラクティスが構築されると、このような運営が可能になる。

　「ここでは共用部のリースラインをあえて決めていません。ここは商店街だから、相互の話し合いによって使い方を変えていきましょう、何か問題が起こったら話し合いで解決しましょう、というスタンスです」。

　これによって、テナントの自由度が増し、その活動がボーナストラックの活気や雰囲気となって街に滲み出ていく。

　本来、土地とは限りなく公共的価値を持った財といえる。一軒の建物や公園の存在によって、その界隈のイメージや場合によっては地価が影響される。ところが、私有地の場合、土地所有者の判断で開発する内容のほとんどを決めることができる。ひとたび、マネー資本主義が度を越して暴走した場合、この過度の私的性が社会的問題となって私たちを襲う。マネーを生まない空間が街の中から排除され、私たちの居場所が無くなるのである。土地所有

上：ナワシロスタンド外観　下：ナワシロスタンド内部

写真：ジェクトワン

者の短期的な利益の最大化が中長期的な利益を棄損しているとも
いえる。

　この問題に対する代替案の一つが、広場に代表される余白空間
の確保だ。ボーナストラックには佇める場所が複数あり、そこで
訪れる人たちは消費者ではなく生活者のままでいられる。

　「この施設は性善説で運用しています。だからルールには柔軟
性をもたせています。根拠を示したら変更できるというルールの
可変性です。その分、何か問題が生じそうな場合はコミュニケー
ションの量は増えます。でも、ほとんど話し合いで解決できます
し、ここはそういう道を選んだのです」。

　こうした広場の自由な気風はここを訪れる人たちに伝播し、利
用者をより伸びやかに自由にする。

ラーニングオーガニゼーション

　ボーナストラックに集う各テナントは、発酵、米作り、台湾文
化、レコードなど、それぞれ独自の探求テーマを持っているが、
チャレンジする姿勢や探求の熱量は皆近い。ここでは互いが互い
を認め合い、協調し、協業するムードが醸成されていく。

　「言って見れば、ここに集まっている人たちは全員エゴイストで
す。自分の感性に忠実に、自分が納得いくことを生業にしている
人たちです。自分の満足のためにやったことが結果的に新しいカ
ルチャーになったり、社会と接続して新しい価値創造につながっ
ていくことに挑戦している人たちです」。個人商店主が集まるボー
ナストラックならではの豊かさを殿塚さんはそう表現する。

　彼らは、2020年4月1日の開業直後に新型コロナウイルス感染
症による緊急事態宣言下を共にくぐり抜けてきた仲間でもある。
ただでさえ難しい開業時の舵取りに加え、外出抑制やソーシャル
ディスタンシングという未知の難題を課せられ、試行錯誤の過程
を共有し合い学び合ったラーニングオーガニゼーション▼2でもあ
る。

　「地方の課題は、個性のない街に個性を作り出すこと。ですか

▼2 ラーニングオーガニ
ゼーション
マサチューセッツ工科大学
のピーター・M・センゲ教
授が1990年に著書「The
Fifth Discipline」で提唱
した概念。「人々が継続的
にその能力を広げ、望むも
のを創造したり、新しい考え
方やより普遍的な考え
方を育てたり、人々が互いに学び
あうような場」の意

ら、具体的なプロジェクトを仕掛けて、街の中から参加者を増や
していくことが重要です。一方、下北沢の場合は、何かをやりた
い人は大勢いるのですが、やれる場所が少ないことが課題です。
自由度の高い場所を見つけるのはとても難しい。だとしたら、も
しそういう場を作れば物事は動き出すんです」。

　ボーナストラックはそのファーストステップで、ここを舞台に
事業を成立させる術を学び、顧客をつかみ、やがて街の中に出て
いく孵化器でもある。殿塚さんは小田急電鉄、散歩社とともにそ
のような夢を描き、セカンドステップとなる舞台を下北沢の街の
中に仕掛けているという。

挑戦不動産

　「ボーナストラック内のシェアキッチンは飲食業で挑戦したい人
の第一歩目の場所。最近、第二歩目の場所として、空き家を利用
してシェアレストラン事業を始めました」。

　シェアキッチンが1日単位で借りられる空間であるのに対し、こ
のシェアレストランは曜日単位で借りて店舗を営むことができる。

　「下北沢の演劇を例にとると、『駅前劇場』が役者の第一歩目のス
テージ、次に『ザ・スズナリ』があって、最終的には『本多劇場』
が君臨します。このステップを上がっていく環境が整っているこ
とが街の力強さだと思います」。

　下北沢の個性とは、個性的な人が排除されないこと。そして、
この個性的な人がチャレンジするステップが用意されていること、
だと殿塚さんは言う。彼自身、下北沢を舞台に不動産というジャン
ルで、「個性的な人が利用できる自由度の高い物件を街中につく
りだす」、という自らの夢に挑戦している最中だ。

　ボーナストラックを起点に、下北沢の街に挑戦不動産という生
態系が生まれつつあるように見える。

BONUS TRACK レコードマーケット

住民の場合

シモキタ園藝部
シモキタフロント株式会社 代表取締役
柏 雅弘さん

マーケティングコンサルタント
関橋知己さん

好きなことを楽しむという
街への関わり方

text：河上直美

ウォーカブルな街に足りなかったもの

　細い道路が迷路のように張り巡らされ、路地裏に入ると時に行き止まりにあたる。その複雑さが下北沢の街の魅力だ。しかし、車にとってはすこぶる通りにくい。昭和初期の混乱の中から生まれたその路地文化は、図らずして現在声高に強調されるウォーカブルな街を体現することになった。2020年初頭からの新型コロナウイルス感染症下では、小田急線下北沢駅周辺の滞留者数はなんと前年の約15％アップ。商業施設やショッピングモールなどの屋内空間とは異なり、街にひしめく小さな商店を歩いて巡ることができる下北沢は、禍転じてこれまで以上に選ばれる街となった。さて、そのウォーカブルな街を改めて歩いてみると、気付くことがある。そこには何かが欠けている。狭い道路の両脇に商店が密に立ち並んでいるため、歩道の生垣や街路樹が全くと言っていいほど存在しないのである。毎日通る道がなんとも無機質で寂しい、もっと街に緑を。そう願っていた住民は少なくなかった。

小田急線の地下化に伴い、その上部利用開発とこれからの使い方、開発地周辺の魅力アップなどを住民で話し合う場「北沢PR戦略会議（PR戦略会議）」が2016年10月に立ち上がった。今まで線路だった場所が2キロメートル近くもポッカリと空くことになる。下北沢の街に大きな変化の波が押し寄せたのがきっかけだ。

　「それまで私は、街づくりに積極的に関わっているとは言えませんでした。でも、開発計画説明会にためしに行ってみたんです。その時説明された計画があまり面白いものではなくて、これはヤバイと。既に決まっていたことを変えるのは難しいとは思いましたが、意見を伝え、もっと良い方向に変える活動をしてみたいと思いました」と言うのは、下北沢駅前で貸しビル業を営む柏雅弘さんだ。彼は、生まれも育ちも世田谷代田[1]。ご祖父の代から商売を営んでいた下北沢駅前に、複合商業施設「シモキタフロント」を所有管理する。

　最初のPR戦略会議では、集まった皆で下北沢の街のこれからについて自由に意見や希望を話し合った。その席で、「街に緑を増やしたい」と話した柏さんに賛同した人、約15人。この呼びかけがきっかけとなり、PR戦略会議 シモキタ緑部会が立ち上がった。

　賛同者の1人が関橋知己さんだ。関橋さんは、約20年前に杉並区高円寺から世田谷区代沢[2]に引っ越してきた。マーケティングコンサルタントと編集者という2つのキャリアを持ちながら忙しく仕事をしていた彼女は、これまで街に関わることはなかったと言う。しかし東日本大震災を経験し、考えが変わった。街の環境を意識するようになり植樹ボランティアに参加、さらに下北沢の公共空間を考えるグループ「グリーンライン下北沢」にも所属し、街のこれからを考えるようになる。

　「街に新たにできる開発計画を見た時、コンクリートで固められたようなプランでがっかりしました」。

　その声を世田谷区や小田急電鉄に届けたいとPR戦略会議に参加し、柏さんと出会う。関橋さんは緑部会の強力なサポート役となっていった。

▼1, 2
P7 下北沢エリアマップ参照

一言で緑と言っても、メンバーが持つ緑への関心はそれぞれ違う。観葉植物が好きな人もいれば、野に咲く花が好きな人もいる。花壇を作りたい人もいれば、街路樹を植えたい人もいる。街の緑を増やしたい人もいれば、自宅の庭木の落ち葉処理を優先したい人もいる。緑部会の始まりは、まさに生物多様性の相を呈していた。さて、何をどう動かしていくべきか。

　そんな時、PR戦略会議に小田急電鉄から初めて担当者の橋本氏が参加した。緑部会の面々は橋本氏に、下北沢に緑を増やすことを会議の度に掛け合った。

　「橋本さんは好奇心が旺盛で、話していてとっても楽しい人なんです。ずっと私たちの話を熱心に聞いてくれました」と関橋さん。

　2019年2月、世田谷区主催の北沢デザイン会議にて、小田急電鉄が開発の具体的計画を住民に説明。そこには、緑を介して人々がつながり、新たなコミュニティが生まれていくことを目指す「シモキタマチバヤシ」というデザインコンセプトが謳われていた。これまで緑部会が提案し続けたことが汲み取られ、目に見える形になって提示された瞬間だった。

　「緑の量や多様性を増やすこの計画には、小田急電鉄さんと世田谷区北沢総合支所の方々が前例にないチャレンジをしてくださいました」。[3]

　緑を愛する住民たちは、その時大きな成功体験を得た。

街の当事者を増やすヒント

　開発の計画はできた。しかも住民の希望が凝縮された計画だ。さて、それをどのように実現していくかを緑部会と小田急電鉄、ランドスケープデザインを担当する株式会社FOLKの三者で話し合った。緑部会としても、ただ緑を増やして欲しいと小田急電鉄や世田谷区に希望を伝えておしまいにするつもりは毛頭なかった。それでは街の住民として無責任だ。そうして、三者協力して下北線路街の緑「シモキタマチバヤシ」を育てていく話がまとまる。2020年3月、「シモキタ園藝部(園藝部)」の始まりである。

[3]
下北線路街の敷地は、世田谷区所有地と隣接する。植栽計画・管理は小田急電鉄と世田谷区で担当を分割。今回は両者協議を重ね、双方の土地を含めた全体のランドスケープデザインを(株)FOLKに委託。全体に統一感が出るよう協力した

上：イベント時の様子　下：植栽管理の様子

緑に対する人々の興味はそれぞれで、幅広くまとまりにくい。一方、緑をテーマにすることで、さまざまな可能性も生まれやすい。だから園藝部はフラットでオープン。緑に興味のある人なら誰でも参加できる。園藝部の発足から2年で部員は約60人に増えた。部員は地元在住の人、地元以外の人、園藝のプロから素人まで多種多様。入部の理由もさまざまだ。

　「小さい頃、家の庭で果樹や花を家族で育てたのが楽しくて、またそんな経験ができたらと思って」。

　「社会人1年目が終わる頃、園藝部のチラシを駅で見つけ、植物も好きだし、様々な人と関わることも好きだから、これだ！！と勢いで応募しました」。

　「土いじりで仕事の疲れをリフレッシュしたかった（笑）」。

　ここで注目したいことがある。彼らの入部動機は「街のためや、街づくりではない」点だ。いや、それには語弊がある。彼らは街に緑を増やし育てるという園藝部の目的に賛同しつつも、街の緑化のためだけに参加したわけではない。注目すべきは「緑が好きで、楽しそうだからやってみようと思った」ことの純粋さの方である。まずは自分の趣味や興味関心が大前提。それを気軽に行動に移してみる。その結果、毎日が楽しくなる。街に愛着が湧いてくる。そうした人が多い街は豊かな街となる。これが人々が街に関わる際の黄金律ではないだろうか。倫理観主導でも、社会課題解決が目的でもない。1人ひとりが自分の好きなこと、したいことを楽しみ、その積み重ねが街の空気を醸し出していく。やがて、自分でも気づかないうちに街に主体的に関わる当事者になっていくのだ。

　「10年前までは、こんな活動は全くしていませんでした。みんな何かきっかけがあるはずで、私にとっては緑でした。『もっと街に緑を増やせ』という樹木からの命令のまま、動いているだけです（笑）」。そう関橋さんが語るように、何かきっかけがあれば街に関わるようになる人は少なくないだろう。

　「下北沢の街にも社会にも今必要なことは、『もっとなんでもやっ

ていい』という解放感だと思います。下北沢は時代の変化に敏感で、変幻自在に変わっていく街です。私としては、将来にわたって解放的で自由な街であり続けてくれたらそれでいい」(柏さん)

元々街づくりにそれほど興味はなかったという2人も、こうしてすっかり街の当事者になっていた。

そうしたシモキタ園藝部に、2022年3月、念願の拠点が完成した。下北沢駅南西口改札に隣接するエリア「NANSEI PLUS」の一角に位置し、約3400平方メートルの敷地には小さな雑木林や草に触れられる野原、皆で植物を育てる圃場が設けられ、共有スペースやギャラリーが点在する。

「ここで自然体験教室をしたり、周辺の住民からコンポストの受け入れをしたり、育てたハーブをお茶にして提供することや、養蜂もどうかと、部員からいろんな希望が挙がっています」と関橋さんは楽しそうに話す。一方、柏さんは、「駅を降りたらどこも同じ風景とよく言われますが、下北沢は違います。ここは駅を降りたら原っぱです。植物に興味がなかったとしても、歩けばきっと心地良いはず。園藝市も名物にしたい」。

彼らは、これからも「やってみたい」と思ったことを自分たちの手でやってみることだろう。そこには、声を挙げれば応援者が現れ、時間はかかっても実現するという成功体験からくる自信がある。そしてそれは、私たちにある気付きを与えてくれる。街づくりとは、必ずしも社会課題の解決がテーマである必要はないこと、街を使い仲間を見つけて行動を起こして楽しむこと、自分が楽しいと思える街なしに、その街をいつくしむことは不可能であること。以上の3点である。下北沢の人たちは、改めてそういう姿勢の大切さや街との付き合い方の術を見せつけてくれる。

演劇、音楽、古着の街、下北沢。そこに「緑の街下北沢」がやがて加わるかもしれない。シモキタ園藝部が、街に緩やかに関わる人々を育む土壌となり、新たな街の文化を生み出そうとしている。

シモキタ園藝部 収穫イベント時の様子

3

コミュニティシップをめぐる
5つの考察

コミュニティシップとは、地域住民が街や街の人と積極的に関わり・楽しむ
意識や姿勢のことを言いますが、第3章では人と街との関係を常日頃から
探求している識者たちによる、各専門分野から考察した「コミュニティシッ
プ論」を紹介します。

01 幸せは 天下のまわりもの

鼎談

株式会社日立製作所フェロー
株式会社ハピネスプラネット代表取締役CEO　　**矢野和男**
東京工業大学情報理工学院特定教授

小田急電鉄 エリア事業創造部 課長　　　　　同部 課長代理
橋本崇　　　　　　　　　　　　　　　　**向井隆昭**

今回、小田急電鉄が下北線路街において行った「支援型開発」。それは、街の主役は地域住民であり、地域住民が街を使ってやりたかったことを行動に移すことが自身の幸福度を高め、その結果、街もより魅力的になるという考え方だ。これは、幸福やWell-being研究の権威である日立製作所フェロー矢野和男氏の研究成果を参考にしている。今回、コミュニティシップを考えるにあたって、改めて矢野和男氏とプロジェクト担当の橋本崇、向井隆昭が語り合った。

予測不能な世界の中で 幸せに生きる

橋本　ご覧いただいた下北線路街の開発は、これまでの「アセット（施設）型開発」から「エリア型開発（街づくり）」への大きな事業領域変更だったのですが、自分たちのこれまでの習慣を変えるのがまず最初の難関でした。矢野さんは、著書『予測不能の時代』[▼1]の中で、変化への対応こそが重要と述べられていますね。

矢野　現代のような予測不能の時代において大事なことは、変化に柔軟に適応することです。逆に最もやってはいけないことは、それまでやってきたことにこだわって、変化を無視することだと思います。

橋本　現在、新型コロナウイルス感染症の

影響もあって、これまでの当たり前が急激に通用しなくなる局面にありますね。鉄道事業もまさにその只中にいます。

矢野 予測不能の時代において認識しておくべき課題を整理してみましょう。まず第1に、状況への柔軟な適応を拒むのは「ルール」であると指摘できます。ルールは通常、過去に起きた問題が再び生じることを避けるために制定されたものです。その意味で、ルールを決めて守ることは、通常は良いことと思われています。でも、世界が予測不能であることを前提にすると、ルールの負の側面がクローズアップされてきます。予測不能に状況が変化すると、そのルールを制定した時には想定していなかった状況が次々に起こりますね。ルールに従うことは、多くの場合、その変化する状況に適応しないで、変化を無視する方向に陥る可能性があります。ルールというものは必ず硬直的になりますから、予測不能な変化や複雑な多様性に向き合うときには、むしろマイナス面が目立つようになるんです。

向井 街づくりにおいてもそのまま当てはまります。作り手である私どもの事業ルールに沿った施設開発など、街の人は望んでいませんでした。

矢野 次に予測不能な世界への柔軟な適応を拒むのが「計画」です。計画を推進していくと、計画を立案した段階では見えなかった課題や機会が見えてきますね。同時に環境だって常に変化します。当初の計画が現実に合わなくなることも当然起こり得ます。世界は予測不能なので、計画と現実は乖離するのが常態なのです。ですから、修正とは、仕方なく消極的に行われるべきものではなくて、それどころか、変化へ適応するために、やることを進化させることこそが重要なんです。

橋本 私たちもそれを痛感しました。結果として私たちが行ったのは、計画は7割程度に抑えて、後はそこを利用する人の手に委ねるという、振り幅を確保することでした。

矢野 変化に対応するための余地をあらかじめ残しておくことは大切です。「ルール」や「計画」に「標準化」などを加えた管理的な施策は、企業が責任をもって効率良く業務を行うためには必須のものです。しかし変化への適応を阻むマイナス面もあるのです。我々の前には、予測不能な形で常に変化が起きています。これに立ち向かうためには、実験と学習を繰り返すことで、状況に合わせて柔軟に適応することが必要です。管理的な面と適応的な面は、両方必要だし、両立させるという意志とそのための仕組みが重要です。決して楽ではありませんが。

向井 365日、24時間の安全運行を第一義とする、私たち鉄道事業者にとって、標準

化は非常に大事な姿勢です。でも、街づく
りとなれば話は別です。十人十色、いえ一
人十色の価値観をお持ちの方々に対応する
必要がありますから。

矢野 従来よかれと思ってきた、ルールや
計画、さらに標準化と横展開にはマイナス
の面があることを皆で認め、状況にあわせ
た柔軟な行動をも同時に追求することが大
切です。予測不能な時代においては、管理
的な責任を一方で果たしつつも、変化に立
ち向かい、いかに生きるべきかを考える必
要に常に迫られます。ではその際に最も重
要なことはなんでしょうか。私の答えはシ
ンプルです、それは「人を幸せにすること」
だと捉えています。

Well-being（幸福）を
科学する

矢野 この20年間あまり、ポジティブ心理
学やポジティブな組織行動の研究によって、
予測不能な変化の中で、人や組織のよりよ
い状態に関して重要な発見がありました。
幸せと仕事や健康の間にある、従来の常識
を促す因果関係が発見されたんです。研究
によれば、幸せだと感じている人は、仕事
のパフォーマンスが高いことがわかってき
ました。具体的には、営業の生産性は30%
程高く、創造性では3倍も高い。そして、幸
せな人が多い会社は、そうでない会社より
も、1株あたりの利益が18%も高くなる。

こうしたエビデンスに基づく知見が続々と
現れました。

橋本 私たちも、自分たちの事業の「効率」
よりも、街の人たちの「幸福」をプロジェク
トのゴールに据えてから、霧が晴れた気が
しました。矢野さんの前著『データの見え
ざる手』[2]の影響ですが。

矢野 では、そもそも「幸せ」とは何でしょ
う。おそらく「幸せ」と聞いても、皆さんが
それぞれに思い浮かべるイメージは異なり
ますよね。そもそも「『幸せ』は一つの指標
で測れず、定義可能な対象にならないので
はないか」とよく聞かれます。

向井 矢野さんは、15年以上にわたって、
加速度計付きのウエアラブルセンサーを用
いて、膨大な量の行動データを収集してそ
れを解析されましたね。

矢野 「well-being（幸福）」感というもの
が計測できるか否かで、それが単なるレト
リックの世界で終わるのか、科学の対象に
なるのかが分かれます。そこで、人間社会
行動データや被験者が属している組織の業
績や生産性を表す数値指標を収集してきま
した。さらに、心理学や経営学で用いられ
ている質問紙調査も行って、これら情報を
合わせて解析すると、身体運動と心の動き
には相関性があることがわかったんです。

向井　「幸福」が文学から科学になった瞬間ですね。

矢野　まず、幸福には遺伝的な影響もあります。生まれつき幸せになりやすい人と、なりにくい人がいます。すべては努力で変えられると信じたいところですが、やはり遺伝はある種の制約にはなっています。でもいくら制約があっても、持てるものを最大限活用すれば人間には無限の可能性があることを、先のパラリンピックの選手たちが見せてくれました。我々には無限の可能性があるのです。一方、よく言われる、お金や周りからの評価だとか、これらの状況要因は、一時的でほとんど持続しないのです。多様な実験で確かめられた結果です。

橋本　ではその他に、人間の幸福感を形成する要因はありますでしょうか。

矢野　それは、自分が身につけられるスキルとしての幸せです。特に、「自分から積極的に行動を起こすスキル」が重要です。人は「自ら意図を持って何かを行うことで幸福を感じることができる」のです。行動を起こした結果、成功したかが重要ではありません。「行動を起こせること自体」とそれをスキルとして練習で身につけることが人の幸せなのです。しかもこれは、誰でも練習すれば身につけられます。車の運転が誰でも練習すればできるのと同じなんです。

ポジティブな相互依存

矢野　ここでもう一つ重要なことがあります。それは、「周りの幸せを気にせずに、自分だけ積極的、前向きに幸せを追求するのはうまくいかない」ということです。データが示したのは、「自分も周りも前向きになるような行動を取る人が集団の幸せを決める」という事実です。従って、あなたが幸せになるためには、人を幸せにする集団の一員になることが必要となります。幸せな集団とは「周囲を元気にする人たち」であることが、科学的に示されています。

橋本　街づくりにおいては、相互扶助性を担保する社会関係資本の重要性が叫ばれています。でも、一人の幸福が周囲に間接的に連鎖していくとなれば、もっと積極的な意味合いで、地域住民どうしの関与による街の価値向上度合いを捉えることが可能になりますね。街づくりにおける非常に大切な視座です。

矢野　人を明るく元気にして、ポジティブな影響を与える動きは、集団の中で循環します。その意味で「幸せは天下のまわりもの」と言えます。この循環が活発かどうかで集団の幸せの総量が決まるんです。幸せを「天下のまわりもの」という集団現象として捉えれば、幸せは経済現象と似ていることがわかります。経済においては、人と人との間で金銭とモノやサービスなどの価値

がやりとりされます。この取引で生じる価値を社会全体で合計したものがGDPという指標です。

　この「経済」の範囲を、「人との金銭の授受を伴う取引」という狭い範囲から、拡大解釈することで、幸せを一種の経済現象と考えることができます。このときの「取引」における「価値」にあたるのは、人と人が「関わりあうこと」による「相手に生み出される幸せ」です。この人間関係で生じた幸せを社会全体で合計すれば、「社会の幸せ」という指標が得られます。今や幸せは計測することが可能ですから、それを社会全体で足し合わせることも可能です。

向井　ここ下北沢には、自分自身の興味関心に従い自ら行動する人が多いのと、そうした人たちを寛容する街の人の力強さやたくましさを強く感じます。私たちは、今回それを「コミュニティシップ」、街や街の人と関わる力、街や街の人と楽しむ能力と名付けましたが、下北沢の方々は、「幸せは天下のまわりもの」だということをすでにご承知だったわけですね。

橋本　私たちの下北線路街においても、とかく事業効率を優先する従来型の「アセット（施設）型開発」から、思い切って、街の人たちの幸せをゴールとする「エリア型開発（街づくり）」に事業ルールを変えたことは、まんざら間違いではなかったとわかりホッとしました。極論すれば、GDPは所詮、幸せのための「手段」に過ぎないとも考えられますから。

矢野　ええ。組織も社会も、構成する人と人との人間関係によって、全体として幸せになったり、幸せでなくなったりします。大事なのは人と人との関係です。個々人の特徴以上に周りとの人間関係、つまりポジティブな相互依存こそ大切なのです。

橋本　是非、今日のお話を糧に、街の人たちのさらなる幸福の達成に向けて「支援型開発」手法に磨きをかけていきたいと思います。ぜひ、そのエビデンス解明にもご協力いただきたいと思います。

（2021年11月収録）

矢野和男
株式会社日立製作所フェロー。株式会社ハピネスプラネット代表取締役CEO
1959年生まれ。早稲田大学物理修士卒、日立製作所入社。無意識の身体運動から幸福感を定量化する技術を開発し、この事業化のために2020年株式会社ハピネスプラネットを設立。著書に『データの見えざる手：ウェアラブルセンサが明かす人間・組織・社会の法則』（2014年・草思社）、『予測不能の時代：データが明かす新たな生き方、企業、そして幸せ』（2021年・草思社）など。

▼1 矢野和男『予測不能の時代』（草思社、2021年）
▼2 矢野和男『データの見えざる手』（草思社、2014年）

矢野和男氏

02 ライフスケーピング
未来に近づいていく情景

大阪公立大学大学院
農学研究科 緑地環境科学専攻 准教授　**武田重昭**

アスファルトだけじゃない
コンクリートだけじゃない
いつか会えるよ
同じ涙をこらえきれぬ友達と
きっと会えるよ
（中略）
その時ぼくたちは　何ができるだろう
右手と左手で　何ができるだろう
命のあるかぎり　わすれてはいけない
今しかぼくにしか　できないことがある

――――――THE BLUE HEARTS『街』
JASRAC 出 2202292-201

「つなぐもの」と「つながれるもの」

　都市は「つなぐもの」と「つながれるもの」に分けてつくられてきた。道路や鉄道がつなぐもので、住宅や施設はつながれるもの。移動のための空間と滞在のための空間を分けて考えることで、それぞれの機能に応じた効率的な都市をつくることができた。移動は目的地を結ぶ手段で、より早く何かと何かをつなぐことが目指されてきた。その結果、私たちの生活もまた移動と滞在に分断されてしまった。高速道路や新幹線をはじめとして、いまもなお、このようなスピードや効率を重視する移動手段をつくることが目指されている。しかし一方で、遅く非効率であることによって生まれる価値にも目が向けられはじめた。移動そのものが目的になるような観光列車や移動のプロセスを楽しむ遅いモビリティなど、つなぐものとつながれるものとの関係は大きく見直され、その境界は曖昧になっている。このような都市の「つなぎ方」が変わることで、私たちの生活の価値も大きく変わりつつある。

　コロナ禍を経て、ますますその重要性が

高まっているウォーカブルなまちとは、単に歩きやすいだけのまちではなく、歩きたくなるまちであるべきだ。整った交通基盤の上に生活に不可欠な機能が備わっているというだけではなく、思わず足を向けてしまうような、心惹かれる何かがいくつも存在することではじめて、歩いて暮らせるまちだと言える。リニアな空間が持つ魅力の本質は、移動によって発揮される。そこに滞在の魅力を加えていくことで、移動そのものが楽しく、同時に目的地にもなるような、そんな空間が私たちの分断化された生活をつなぎ変えていく。連続した空間や大きなスケールの空間をあえて小さく分割し、物理的にも経済的にも身近に手の届く空間を点在させることでいくつもの目的地が生まれる。遠くまで見渡せる眺望を活かしつつ、そこに身体スケールの小さな空間が継起的に現われていくことで、次のシーンへの期待が膨らむ。それは目的地へ早く到達することではなく、むしろ目的地を発見していくようなシークエンスの楽しみだ。移動と滞在が混在することで、機能によって分断されることのない時間が生まれる。

　一日の生活の時間を細切れに分断して、効率的に組み立てるのではなく、ひとつながりの暮らしとして過ごすことができているかどうかは、私たちの生活の健全さを測るひとつの物差しではないだろうか。健全な人を支える健全なまちには、人々の生活をつなぎ直して再構成する役割が求められている。

生活の少し先を行く空間

　まちが生きているということは、そこに暮らす人々が生きているということだけではなく、まちと人との関係がひとつの系となって互いに影響を与え合いながら変化しているということだ。だから、生きたまちが変わるとき、人の生活も変化する。しかし、私たちはすぐにどちらかを固定して考えようとしてしまう。まちの未来を考える時には、あたかもいまいる人たちの価値観や生活様式がいつまでも変わらないものであるかのように捉え、ニーズの把握や合意形成が重要だと言う。反対に人々の暮らしの未来を予想する時には、まちが今のまま変わらずにそこにあり続けると考えがちだ。

　リノベーションによるまちの再生は、変化した生活にそぐわなくなった空間を少し改変してやることで、いまの利用とマッチングさせるという調整作業である。この方法が優れているのは、生活と空間のミスマッチが起こらない点である。使いたい利用内容や生活が先にあるので、それに応じて空間を改変することで、生活と空間の堅実な関係を必ずつくることができる。しかし、このように生活の変化に空間をあわせていくだけでは、まちはいつも生活の後を追うだけになってしまう。人々の暮らしを顧みないような経済最優先の論理に基づいた空間の変化に生活が追い付けないことは大きな問題を生じさせるが、空間が変わることで私たちの生活が変わるということは決し

て悪い影響ばかりではないはずだ。

　いまの暮らしのニーズに応える空間ばかりを後追いでつくっていても、いつも少し時代遅れのまちができあがるだけである。一方で、人々の暮らしがまったく追いついて行けないような独りよがりの空間の変化では、そもそも生活の変化は望めないばかりか、生活と空間の距離が広がってしまう。空間が少しだけいまの生活の変化に先回りするくらいの、そんなまちの変化が望ましい。あたらしく生まれた空間によって、いままで気づいていなかった生活の変化が顕在化するような、人々の生活やニーズの質が少しだけ向上するような、そんな影響を与える空間をつくることができれば、まちも人も生き生きと変わっていくのではないだろうか。こんな過ごし方があったのか、じゃあ次はこんな風に暮らしていけるかな、そんな空間と生活とのやり取りが生まれることで、まちはまた次の変化を生んでいく。人の暮らしの変化にあわせて絶えず空間が更新され続けなければ、まちは生きているとは言えない。

「コンセプト」より「コンフィデンス」

　はじめから決められたコンセプトがあって、それに向けてコンテンツを集めてまちをつくっていくという方法では、もはや人々の気持ちに届くものはない。これからのまちづくりのプロセスにおいて必要なことは、既成概念をいっさい取り払い、いくつもの対話を積み重ねた先にまちに対する信頼（コンフィデンス）を回復することである。都市とはいつも人と人とが交じり合う場所である。コロナ禍を経験してもなお、その価値が褪せることはない。しかし、いまのまちには私たちを包み込む安心感はない。私たちの未来の生活が人との交流から生まれる希望や期待とともにあるためには、まちに対する信頼がなくてはならない。ニクラス・ルーマンは「信頼が存在しなければ、高度に複雑な社会を構成することはできない」と述べている。個人から集団までの多様な理念や価値観を受け入れるとともに同時に影響を与え合い、合理性や機能性だけでなく情操的な面からも豊かで、さらにはウイルスとも共生しながら、これからもまちは私たちの交流の場であり続けなければならない。そのように高度に複雑な状況を生きていくために、私たちはまちを信頼に足るものにする必要がある。信頼が共有されていれば、単なるコンテンツではない、あたらしいまちのコンテクストが紡ぎ出されていくはずである。

　このような信頼のために必要なものは、空間がつくられる前から、予め想定できるくらいの薄っぺらなパブリックではない。いくつものプライベートな想いが集まって、それぞれの強い意志で勝ち取られた空間と生活との関係や規範にこそパブリックは成立する。そこにはじめてまちへの信頼が生まれるのだ。個人の成し遂げたい夢や変わることのない強い思いが空間に現れること

で、まちにパブリックの空気が交じり合う。仮想のパブリックを装ったロールプレイより、商業という強い目的性を持ったコミュニケーションの方が清々しさを感じられることも多い。過度な商業主義に気分が萎えるのは、そこに搾取の構造が透けて見える時である。一方的で抗うことのできない力関係によって個人が消費に飲み込まれていくとき、そこに信頼のきっかけを見出すことはできない。同じことは、一律的なパブリックを求めるためのあまねく公平性の内にも見え隠れする。多様な価値観や包容力のある空間ははじめからつくれるようなものなのではなく、一つひとつの価値の確立や行動の許容によって徐々に育っていくものだ。プライベートな夢を実現しようとする力は、実はパブリックをつくる近道なのである。まちに対する信頼の礎を築くのは、このようなプライベートからはじまるパブリックへの共感だ。

　信頼を築くためには時間もまた重要である。ゆっくりと時間をかけなければつくれないまちと生活との関係というものがある。空間に人々の愛情や記憶がいくつも重ねられることで、まちの意味は豊かになっていく。まちの魅力は、今日より明日が少しだけよくなるくらいがちょうどいい。魅力が乱高下するようなまちでは、私たちのそこに信頼を寄せることはできない。生活は日々の連続だから、ゆっくりと時間をかけて変わっていく方がよいのだ。まちとの関係にも同じだけの長い時間が必要である。自治とは人々の共同の意思が支えるものであり、暮らしの変化とうまく折り合いをつけながら場所の価値を維持・向上させていく営みのことである。まちに対する信頼とはこのような自治の精神が支えるのだ。

未来に近づいていく情景

　まちの魅力は一朝一夕につくられるものではなく、長い年月をかけてそこに築かれてきた空間と生活とによってつくり出されるものである。まちの風景はあるひとつの状態に留まることはなく、人々の働きかけによってたえずその姿を変え続けていく。それゆえに、風景の価値は私たち一人ひとりの生活行動によって大きく左右される。鳴海邦碩は「単なる空間の実態だけではなく、空間のなかで生きている生活の仕組みが透けて見えている」状況を情景と呼んでいる。情景には表層的な形態の美しさだけではなく、そこにある暮らしの魅力があらわれる。その背景には暮らしが持っている時間の流れがある。新型コロナウイルスは世界中に大きな困難や苦痛をもたらしている一方で、あたらしい情景もつくり出した。この苦境を乗り越えた先に再び取り戻される日常が、いままでと何も変わらない、もしくはいままでよりもつまらない社会になるのでは惜しい。この状況下に生まれつつある身近な暮らしの変化を集めて、その可能性を広げ、望ましい方向に導くことができれば、この苦境をこれからのまちを考え

るうえでの大きな転換点とすることができるはずである。それはまだわずかな変化かもしれないが、時間をかけて積み重なっていくことで、まちの情景はあたらしい横顔を見せてくれる。

　人々の暮らしの変化が未来の風景をつくり変え続けていくような情態をつくることを「ライフスケーピング」と名付けてみたい。「ガーデン」に対する「ガーデニング」のように、暮らしがつくる結果としての風景ではなく、絶えず変わるそのプロセスを少しずつ丁寧に好ましい方向に導き続ける営みのことを指す。固定的な「プラン」ではなく、順応的な「プランニング」が求められるように、まちには進行形の働きかけが必要だ。下北線路街は、このような移り変わる情景に出会えるまちだ。ここでの日々の暮らしの息づかいに、ライフスケーピングの所作を見ることができる。1.7キロメートルのリニアな空間が生活をつなぎ直し、まちに対する信頼に基づいた人々の働きかけが落ち着きと革新を同時に生み出している。このまちは、変わるものと変わらないものとを抱えながら、止まることのない情態のなかにある。その程よい歩みこそ、ライフスケーピングの本質だ。未来の風景はこのようにして紡ぎ出されていくのである。

　ライフスケーピングの主体はまちに働きかけるすべての人々である。特定のディベロッパーやそこに暮らす生活者だけが対象なのではない。将来そこに関わることになるかもしれない、いまはまだ関わりのない人々も含めてまちの情景を描くことが必要である。まちの「プレイヤー」という言い方をよく耳にするが、どうしても違和感が拭えない。まちはゲームやスポーツのようにプレイするものではないはずだ。勝ち負けや終わりがあるものでもない。まちに世話をやいたり、必要とされるサービスを提供したり、不可欠な商いを営んだりする行為に参加者のスタンスは感じられない。それぞれの人生があり、それぞれのまちがある。それを自分のものとして受け止め、自負を持ち、そこに幸せを見出すことができる人たちだ。本当は、すべての人にその資質は備わっている。どんなにささやかな生活でも、まちに対する働きかけなしに、私たちは生きていくことはできないのだから。

　その意味で、最後はそのまちに暮らす人がまちの価値そのものなのだ。あらゆるまちの価値は人に戻っていく。だから、まちの資産を人に再投資できるまちは、これからもずっと魅力的でありつづけるだろう。そこにあたらしい人の生活が生まれない限り、あたらしいまちの価値が生まれることはない。

reload 中庭光景

03 街と市民の新しい関係をめぐる社会学的考察

横浜国立大学大学院
都市イノベーション研究院 准教授 **三浦倫平**

魅力的な街に向けて

魅力的な街とはどのような街だろうか。特徴的な商業施設が集積する街だろうか。さまざまな出会いや発見があることが重要だろうか。それとも文化の香りがしたり、子供を育てやすかったりすることが大事だろうか。

おそらく人によって何を街の魅力とするかはさまざまであるだろう。そのため、「街にこういう施設や空間があれば魅力的な街になる」というような万能のレシピは存在しない。ただし、「どのように街を作るか」ということに関しては重要なレシピが存在するのではないか。それは、街に関わる色々な人々の思いを街の在り方に反映させるというレシピだ。

これは一見当たり前のことを言っているように思えるかもしれない。そもそも「ま

ちづくり」という言葉には本来はそのような意味があったはずだ。しかし、ソフト面のまちづくりに関してはさまざまな住民主導の活動が実現してきたが、街の在り方を大きく規定する道路や公共空間、諸施設などのハード面においては、私的所有権や上位自治体の権限の壁に直面し、住民の構想によって空間を整備し地域社会で管理するというような試みはなかなか実現できていないのが現状である。

こうした状況に対して、多くの人々はいかなる問題意識を持っているのだろうか。近年の日本においては、目の前の都市空間（都市生活）を当然のものとして、もしくは自分の力が及ばない領域のものとして漫然と受け入れる傾向が強いのではないだろうか。その結果、「魅力的な街を自分たちで作る」というよりは「魅力的な街がどこかにないか探す」という傾向が強いのではないか。

この危機を約半世紀前に予見していたのがアンリ・ルフェーブルという思想家だった。資本主義体制が交換価値を使用価値よりも優先する形で都市空間を生産する中で、その生産に関わる権利を主張するよりも、管理された消費空間の中で生活していくことが人々にとっては自明の日常生活となっていくことにルフェーブルは警鐘を鳴らしていた。こうした状況に対して、ルフェーブルは、市民たちが自らの空間感覚・身体感覚・時間感覚に基づいて、自分たちなりに都市空間を横領的に利用していく「我有化」という運動に期待を寄せていた（Lefebvre 1968=2011）。

こうしたルフェーブルの思想や、彼と同時代に生きたジェイン・ジェイコブスの思想が源流となり、近年、「より良い公共空間を作り出すことを目的とした市民主導の諸実践」を意味する「プレイスメイキング」や「タクティカルアーバニズム」といった理念や実践が日本でも注目を浴びてきている。その街に関わり合いを持つ人たちが自分たちの手で、自分たちが求める街を作り上げ、運営していく。こうした街と市民の新しい関係は、経済システムや政治システムによって空間の生産、運営が担われる状況に対する、人々の「生活世界」からの抵抗として位置づけることができるかもしれない。

下北沢地域に生まれた市民と街の新しい関係
——北沢 PR 戦略会議の意義

その点で、下北沢地域では、近年、街を愛するさまざまなプレイヤーが創造的な諸実践を展開してきており、先駆的な事例であると言える。

下北沢という街には、盛り場として発展していく過程で多様な文化が生まれ、蓄積され、それが街の魅力となっているため、さまざまな属性や価値観を持つ街の愛好家が多く存在している。ただし、そうした愛好家が昔から創造的な諸実践を展開していたわけでは必ずしもない。流動性が高い街であり、誰もが「よそ者性」を帯びるために、地権者以外の主体は街の在り方に関して発言権がないとして排除されやすい状況があったからだ（三浦 2016）。

この状況を象徴的に顕在化させ、また変化させる契機となったのが、2000年代初頭に発表された街を分断する道路計画とそれに関連する都市計画であった。この出来事は「街の価値」「街に対する発言権」を再考させる契機となり、計画の推進派と反対派の間での長い論争を経て、2015年の3月の東京地裁による和解勧告で一つの区切りがつくことになる。そして「官民協働」のまちづくりを勧告された世田谷区が、線路跡地の利用や街の魅力を高めるための新たな話し合いの場として「北沢 PR 戦略会議」を作り、街のあり方や線路跡地のあり方をめ

ぐって、誰でも議論の場に参加することを可能にした。

　北沢PR戦略会議は参加者がテーマを考え、部会を作っていく点で参加者がアジェンダ設定権を持っているユニークな場である。具体的には、現在まで以下のような部会が作り出され、下北沢にとって必要だと考えるテーマをめぐり、それぞれの部会が自由に活動を行っている。

◉ユニバーサルデザインチーム　◉下北駅広部会　◉シモキタ編集部　◉下北沢案内チーム　◉公共空間運用ルール部会　◉キタザワリサーチ　◉シモキタ緑部会　◉イベント井戸端会議　◉シモキタの新たな公共空間を再考する部会　◉まちピアノプロジェクト

　これらの活動について詳述する紙幅はないが（三浦・武岡編2020）、街の危機に対して発言する権利を獲得するまでの長い歴史があったからこそ、単に一方的に発言するだけで終わりにするのではなく、自分たちが理想とする街の在り方を実現させるために、道路や駅前広場などの空間のオルタナティブな利用の仕方を考えたり、街全体の多様なニーズを掘り起こし、共存させるための工夫を行う「我有化」が展開してきていると言える。

　こうして下北沢地域に生み出されたような市民と街の新しい関係が今後、この街の中にどれだけ広がっていくのかが重要となっ

てくるだろう。その際、乗り越えていくべき制約条件としてゾーニング構想というものがある。

下北沢地域における今後の課題

　ゾーニング構想とは、代田駅から東北沢駅までの約2キロに及ぶ線路跡地の土地利用・施設配置に関する世田谷区と小田急電鉄の間での取り決めである。「駅前広場」「通路」「緑地・小広場・立体緑地」については世田谷区が担当し、それ以外の「住居施設」「商業施設」は小田急電鉄が担当する形で、明確な役割分担をするというものである。

　エリアごとに責任主体を決めて、それぞれの責任のもとにそのエリアのあり方を決めるやり方はおそらく合理的ではあるだろうが、全体としての調和という点で課題を潜在的に抱えている。また、街の中心部にできた線路跡地は生活環境に大きな影響を及ぼし得る点で、ある種の公共性を帯びるものであり、世田谷区の担当エリアではないエリアにおいても、本来は公的主体である世田谷区による何らかの関わりや調整が必要になってくる場合もあるだろう。

　こうした点はこれまでも市民運動側から問題提起されてきた（三浦2016）。それ故に、今後は各担当エリアを超えて、線路跡地を総合的な観点から整備し（「総合的デザイン」）、諸施設の関係性をデザインするだけでなく（「関係のデザイン」）、線路跡地全体とその周辺環境との関係性をデザインしていくこと

（「環境のデザイン」）が必要になってくるだろう（遠藤 2018）。またそれは単に世田谷区や小田急電鉄だけの責務ではなく、新たに協働の場のアクターとして台頭してきている市民セクター自身も担っていくべき責務であり、どのような空間のあり方が望ましいのかを積極的に提示したり、相互の意見を調整していくことが重要になってくるだろう。そうすることで初めて「全体をひとつながりのみどりと通路でつないでいき、防災・減災の機能を備えた、人間優先の空間づくりを目指す」という跡地利用のコンセプトが実質化するのではないだろうか。

今後の可能性に向けて
——新しい経済の循環の可能性

現在、小田急電鉄が掲げる「支援型開発」というコンセプトは、理論的には、以上の課題を乗り越えていくための一つの方向性を示している。すなわち、「地域住民をまちづくりの主体として位置づけ、小田急電鉄自体は後方でサポートする」というコンセプトは、線路跡地を街の中で有効活用していくうえで重要な方向性である。これが建前で終わらずに実質化したものになっていくかは今後十分に検証していく必要があるが、BONUS TRACK が2021年度のグッドデザイン賞ベスト100に選出されたことに象徴されるように、このプロジェクトの歩み出しには一定の評価を与えることができるだろう。

BONUS TRACK は職住近接の商店街を既存の街と連続した形で作り出すことを目指し、大手の商業施設ではなく、「下北沢らしい」個人店の店舗を集め、運営組織（散歩社）と共に個人店の店主たちが自治運営することを目指している。入居する店舗に関しても「街の魅力となるか」「良い影響を生み出すか」ということを審査して、運営組織が選定する形になっている。

一般的な商業地では、各々のデベロッパーと商業者が契約することが多く、商店の業種業態を街全体でコントロールすることが難しいのに対して、BONUS TRACK では下北沢を愛するプレイヤー（商店主たち）によって構成される組織が管理運営主体となることでコントロールが可能になっている。また、施設内の空間利用についても、全体を制御する組織が存在することで柔軟な対応が可能になっている。

このような新しい自治のあり方は常に住民や来街者によって再審されていく必要があるが、重要なことは既存の仕組みを変えてこのプロジェクトが開始された点にあるだろう。すなわち、大規模、高層化した商業施設を建設すれば、一定の交換価値を開発業者は取得することが可能になるが、敢えてそのような商業施設を建設せずに、空間で得られる利益を街のユーザーの使用価値にも配分しようとしている。そして重要なことは、住民、商業者、来街者が主体的、創造的に空間を活用し使用価値を享受できるようにしていることだ。また、このプロ

ジェクトが軌道に乗ることで、興味を持った店主たちが増えれば、近隣の商店街の空き家などを紹介し、周囲に波及効果をもたらすことも目指しているという。

以上の点を鑑みると、これは新しい経済の循環の試みであるとも言える。かつて社会の中に経済が占める位置の変化を分析したポランニーが明らかにしたように、「市場経済」が昔から常に存在してきた「経済」の唯一の形式ではなく、互酬性を基礎とするような贈与経済、道徳経済もかつては「経済」を構成していた（ポランニー 1977=2005）。近年、「人々や地域社会の精神的・物質的基盤を形成する（非市場的領域の）交換関係」を意味する「サブシステンス経済」が注目され（イリイチ 1981=1990）、まちづくり活動や社会活動、支援活動の重要性が改めて議論さ

れている。市場経済の論理だけでは人間の尊厳を支える活動は成立し得ない。信頼や人間関係、生きがいといった貨幣とは異なるものの交換を通して、自立的な使用価値志向の活動ができる場が広がることは、さまざまな人々や地域社会を支えていく重要な基盤となるだろう。

さらに言えば、サブシステンス経済は市場経済と対立するものではなく、相互補完的なものでもある。市民主体のサブシステンス経済によって生活の質を豊かなものにし、多くの人々を集めることで一定の経済効果も地域にもたらしていく。この二つの経済をBONUS TRACKから線路街跡地全体に広げ、多くのアクターに循環させられるかどうかが今後の課題であるだろうし、また期待される点であるだろう。

参考文献

● Illich, I., 1981, *Shadow Work*, Marion Boyars. （=1990, 玉野井芳郎・栗原彬訳『シャドウ・ワーク』岩波書店）

● Lefebvre, H., 1968, *Le Droit à la ville*, Paris: Economica.（=2011, 森本和夫訳『都市への権利』筑摩書房）

● Polanyi, Karl, 1977, *The Livelihood of Man*.（= 2005, 玉野井芳郎・栗本慎一郎訳『人間の経済Ⅰ 市場社会の虚構性』、岩波書店）

● 三浦倫平、2016、『共生の都市社会学―下北沢再開発問題の中で考える』、新曜社

● 三浦倫平・武岡徹編、2020、『変容する都市のゆくえ』、文遊社

● 遠藤新、2018、「アーバンデザインの位相」『アーバンデザイン講座』、彰国社、pp9-26

本稿は、R2~R4年度科学研究費補助金（若手B）「公共空間の再編をめぐるセクター間協働に関する社会学的研究」（課題番号21K13416　研究代表者：三浦倫平）による研究成果の一部である。

下北沢駅前の商業施設「SHIMOKITA FRONT」1Fに設置されている「まちピアノ」。立ち止まって耳を傾ける人が多い

写真・nao.mioki

04 挑戦する者は 挑戦している者が 居る場所を好む

アーキネティクス代表取締役 **吹田良平**

交流発生の触媒装置

下北沢の住民の特徴に地元愛がある。地元愛で思い浮かぶのは、シビックプライドというなじみのあるキーワードだ。シビックプライドとは、直訳すれば「都市に対する市民の誇り」「郷土愛」の意で、現在ではさらに広義に発展し、「街をより良い場所にするための取り組み」「街の当事者意識」まで網羅するコンセプトとして定着している。

上記の意味の進展の過程を整理してみる。まずは、「わが街が好きだ」という街への愛情を抱く熱中境地、次に「この街に住むことに誇りを感じる」という充足境地、そして「私が好きなこの街を大切にしよう」という自治の境地、さらにエスカレートすると、「この街に住んでいることを自慢したい」あるいは「この街に住んでいることを羨まれたい」という見栄や虚栄の境地へと感情が

進むこともある。もちろん、現実には各境地の同時進行や逆戻りも起こり得る。

下北沢の場合はどうだろう。下北沢に居住しながら飲食店を営んでいる、下北沢歴30余年の50代男性は、次のように話す。「下北沢の強みは、音楽や演劇といったわかりやすい文化的個性もそうだけど、それよりも、『下北沢が好き』な連中が多いってことだと思う」。紛れもなく熱中境地である。彼は続ける、「ここでは毎日、街のいろいろなところで来街者同士や地元民との間で、新しい関係が作られてる。それが下北沢らしいとこだよ」。

彼自身、そうした新しい交流発生の触媒装置とも言える飲食店（バー）を経営している。そして彼は、出張で東京を離れているとき以外はほとんど毎夜、自ら営む店とは別の店に顔を出しては、出会いの当事者と

なったり、傍観者となったりを繰り返している。その様子は、充足境地とはどうも異なる印象だ。もちろん、彼自身、街の誇りを感じてはいるだろうけれど、それにも増して、まだまだ彼自身が、本人言うところの「関係性作りの街」という下北沢らしさを堪能する熱中境地の渦中の人そのものなのだ。さらに注目すべき点は、人と出会って自らが変化することを積極的に歓迎する、という価値観だ。

この50代男性と街との関わり方を整理するとこうなる。まずは、わが街が好きだという「熱中境地」、次に、この街らしさ（関係性の触媒機能）を楽しみ尽くすというもう一つの「熱中境地」、そして新たに、街とともに自らの変化や成り行きを期待するという街との「共在感覚」。以上、いつまでも充足することなく、成長や変化を希求し続ける個人と、触媒装置としての働きを持った街との関係は興味深い。

そこには、大きく2つのテーマがあるように思える。一つは、これからの街の機能とはいかなるものかという点。もう一つは、人は街との関わりの中で、どのように喜びや生きがいを獲得できるのかという点だ。

人と知り合うと人は気分が良くなる

この50代男性は、以前、仕事の役目で世界中の同僚を日本に招聘する幹事役を担ったことがあるという。「都心での夕食後、希望者を下北沢に連れてきたんです。日中、大事なミーティングを済ませて、念願の寿司も堪能して、その後、日本酒でも飲みながら異国の街で異国の人と知り合ったりすると、皆それはそれは幸せそうな顔をする」。責務をこなし、美食で腹を満たした後、なんの制約もなくリラックスすると、自らの文化的好奇心が顔を出し、隣り合った異国人と感情を交換したくなる、ということらしい。「そりゃ、居合わせた客は背景も年代も違う人たちだから、最初はぎこちない。でもやがて、互いの習慣の違いに驚いたり、逆に似ていることに驚いたり、彼らはとにかく満たされた顔をしながらその時間を楽しんだ」と話す。

この50代男性が言いたかったのは、異国間の草の根文化交流の妙とか、あるいはカルチャーギャップの埋められない溝、といった話ではなく、単純に、「人は気分がいいと他人と知り合いたくなる」、あるいは、「他人と知り合うことで人は気分が良くなる」という事実。そして、異なる関心、世代、属性の他者と関わることで得られる交歓という喜びの尊さではないだろうか。男性は、こうした喜びを下北沢の人たち、下北沢を訪れる人たちにもっと体験して欲しい、体験できる場所をもっと増やしたいと話す。

仙台市の公共施設、せんだいメディアテーク館長、鷲田清一はかつて、同施設の外壁に以下のコメントを寄せていた。

「対話は、他人と同じ考え、同じ気持ちに

なるために試みられるのではない。語り
あえば語りあうほど他人と自分との違い
がより微細にわかるようになること、そ
れが対話だ。『分かりあえない』『伝わらな
い』という戸惑いや痛みから出発するこ
と、それは、不可解なものに身を開くこ
となのだ」。

また、早稲田大学文化構想学部准教授の
ドミニク・チェンは、著書『未来をつくる
言葉：わかりあえなさをつなぐために』[1]
の中で、次のように記している。

「そもそも、コミュニケーションとは、わ
かりあうためのものではなく、わかりあ
えなさを互いに受け止め、それでもなお
共に在ることを受け入れるための技法で
ある。(中略)わかりあえなさをつなぐこと
によって、その結び目から新たな意味と
価値が湧き出てくる」。

前者は、人間が相互に分かり合えるもの
であるという前提から始めるな、という助
言を、後者は、その上でこそ、新しい意味
の発見が起こり得るという可能性について、
それぞれ希望の光を灯してくれている。そこ
にあるのは、社会性や公共性上の交流やつ
ながることの必要性ではなく、街づくり上
の交流人口や関係人口の重要性でもなく、
もっと根源的な「他人との関与による自身
の変化や成長」の尊さであり、先に50代男
性が感じた交歓の喜び、つまり幸福感であ
る。それを体現させる下北沢の触媒機能の
力強さと、そこでの新結合を能動的に楽し

む「下北沢が好きな連中」の特異性が浮き彫
りになる。

変化と成長と幸福

では、人はいついかなる場合に幸福を感
じることができるのか。この分野は近年、
ウェルビーイング研究とともに科学的分析
が進んでおり、次のようなエビデンスベー
スのセオリーが発表されている。それは、
「人は成功失敗のいかんによらず、自分から
積極的に行動を起こすことで幸福を感じる
ことができる」、というものだ。つまり、人
は経済的、物理的に充足したり、人や社会
から承認されたりする以上に、意図を持っ
て何かに取り組む行動自体に大きな喜びを
感じるというのである。関心テーマや探求
テーマ、夢や成就したい目標を持ち、それ
に挑むべく行動を起こしてみる、そして熱
中する。場合によれば自らの潜在能力に火
が点くかもしれない、うまく行けば創造力
のゾーンに入れるかもしれない。仮に物事
が上手く運ばなかったとしても、行動の過
程で刺激的な出会いが得られるかもしれな
い。思いもよらなかったインスピレーショ
ンを得て、視野が広がるかもしれない。い
ずれにしても行動を起こすことによって、
一皮むける可能性がある。意識や姿勢が変
容する可能性が強まる。それを世間は変化
と呼んだり成長と呼んだりベターメントと
呼んだりする。人間はケイパビリティが豊
かになることで幸福感を覚える。

50代男性はこう話す。「お金も大事だけど、もっと大事なのは日常が楽しいこと。あそこに行ったら誰かと出会える、ワイワイガヤガヤできる、それが一番の幸せ。それを日常的に感じられる街がいい街」。そして、こうも続ける。「それは仲間内に限った話じゃない。誰しも都会の中で見ず知らずの人と会って、親しく接せられたら嬉しく思うはず。それが下北沢」。とはいえ、新参者を受け入れる方にも覚悟や心構えが必要だろう。寛容でいること、考えの異なる他者と向き合い自らを相対化する姿勢を保つことは容易ではないはずだ。この50代男性は、人と出会った際に起こる化学変化こそが楽しいという。その楽しさを多くの「下北沢の連中」が知っているからこそ、新参者や来街者とフラットに接することができるのだという。彼らは自らが持続的に変わり続けることに貪欲なのである。

挑戦する街

ではどのようにして、「下北沢の連中」のそうした意識は習慣化されていったのか、あるいは、どのようにしてそうした考えの持ち主がここに集うようになったのか。世田谷ポートランド都市文化交流協会が存在するほど、下北沢とも縁のある米国西海岸の地方都市ポートランド市を参考に考えてみる。

ポートランドの特徴の一つに、地産地消に対する意識の高さがある。食材以外にも身の回り品や家具、エネルギーなど対象分野は多岐に及ぶ。古くから「20分圏ネイバーフッド」を提唱している先進都市でもある。行政主体が地域経済振興の見地から、地産地消のための場と機会をできるだけ確保する施策に取り組み、スモールビジネスが生まれやすい環境を整備したことが大きい。例えば、野外農産物マーケットの試みが顕著だ。他の都市においても同様のマーケットは存在するが、ポートランドの場合、特定の一か所ではなく街中に場所が用意されている。こうした例はリベラルな気風とされるカリフォルニアの他都市と比べても稀だ。条例も含めて環境が整うと、試してみよう、挑戦してみようとする人が確実に現れる。

ポートランドがユニークなのは、挑戦能力を持つ異才が多く住むということではなく、挑戦する意欲をさまざまな分野で、さまざまな生かし方で発揮している人が多いという点だ。だから生き生きと暮らしている人が多いように映る。そういう社会環境下においては、自分もやってみようとか、もう1つ上を試そうという気分が醸成されて行き易い。街にはそうした個々のステップアップを試すための場と機会が用意されている。例えば自家用車で野外農産物マーケットに素材を持ち込んで、そこで料理を作って販売し、商売が上手くいったらフードカートを購入して、市公認のフードカートが集まるフードポッド（集積場）に出店し、さらに成功したらレストランを開業すると

いったサイクルが現実のものとなる。つまり上に登るための階段の高さが他の都市よりも低く、階段（踏面）の面積が他の都市よりも広くて登りやすい。つまり挑戦しやすい。それが市民レベルでの挑戦する姿勢、行動に起こす態度の発露につながり、結果として地産地消的生活習慣が形成される要因となっている。

　海外の話はもういい。何せ下北沢は歴史ある英国発シティガイド「タイムアウト」誌で、「東京で一番クールなネイバーフッド（2019）」と評された街だ。敬意を払いつつ最後に「下北沢の連中」の特異性とそれを許容する街の特性を推論する。地域住民と街との新しい関係性、筆者の考えるコミュニティシップの要諦だ。

　「挑戦する精神、挑戦を受け入れる精神。挑戦を応援する街、自ら挑戦する街」。挑戦したい者は挑戦している者が多く居る場所を好む。挑戦者は自ら挑戦的な取り組みをしている街を好む。極めて当たり前の話である。

▼1：ドミニク・チェン（2020）『未来をつくる言葉：わかりあえなさをつなぐために』新潮社

提供：一般社団法人シモキタ園藝部

シモキタ園藝部 ミーティング風景

05 「迂回する経済」と発酵するコミュニティ試論

自由をデザインするとはどういうことか

早稲田大学 創造理工学部
建築学科 講師　　**吉江 俊**

筆者が下北線路街に初めて訪れたのは2020年11月のことで、とても爽やかで親密な空間が実現したものだと感じたのを覚えている。あれから1年が過ぎ、小田急電鉄橋本氏・向井氏の話を聴き、そこには色々な苦労や水面下での工夫があったことを知った。

とはいえここでは、事業の経緯や具体的な手法などは他に譲り、下北線路街からどのような考え方を切り拓けるか、という都市論を展開したい。それは最終的には、「自由をデザインするとはどういうことか」という問いに通じるものである。

I　下北線路街が実現したこと

1　コミュニティシップ 個人の集団としてのまち

都市開発やまちづくりの現場では、とかく「コミュニティをつくる」といいがちだ。しかし、皆で集まって同じ方向を向くような「一丸性」と人間関係の「蓄積」を目指す以外の方法はないだろうか。排他性と表裏一体の強い人間関係によるコミュニティではなく、個人の集まりとしての都市。それも、匿名的な都市の「雑踏」ではない、自律した個人が場所を介してつながる、組織というより意識としての「コミュニティシップ」のような。

下北沢は個人のまちである。単身者世帯が64％を占め（世田谷区全体では50％）[1]、小

ぶりな建築が集合したグレイン（まちの粒子）の細かなまちで、個性と主体性をもった人びとが思い思いの活動をしている。その個別の活動が積み重なって、不思議と一体感が生まれる、そういうまちである。

現担当者・橋本氏が開発に加わり最初の住民説明会を行った2017年には、下北沢の住民たちからは強いリアクションがあったと聞く。俺たちがやりたいことがあるんだから、それをサポートしてくれればいいと。小田急電鉄が舵を取り直し、「支援型開発」を打ち出した所以である。

結果として下北線路街は、多様な主体が参画するフィールドとなった。都心にありながら賃料を上げすぎず、若い店主がチャレンジできる個店街を作ろうとする工夫。しかも住みながら働く場所を提供し、個別の営みを超えて「まちがよくなる」ことが自分の利益になるという関係を作り出す。自律した個人がなぜ一体感を獲得するかというと、それは「場所」を共有しているからである。場所は自らの行いによって魅力的になり、それらは共有され、やがて自分に戻ってくる。

下北線路街は、「一丸性」を重視するコミュニティと、匿名的な「雑踏」とのあいだの場所の形成に成功したように思われる。それが第一の論点だ。

2 「わがもの性」は 「われわれ性」の前提である

この論点について、もう少し考えてみよう。筆者らは、勤務する早稲田大学のある高田馬場の調査から、「わがもの性」という概念を導いている。高田馬場では、駅前ロータリーや店の前、神社や公園、道端のガードレールなど、様々な場所で学生が滞留している。そして彼らはどこでもそのような態度をとるわけではなく、このまちだから、そうしているのである。まちに対するこのような態度を、「わがもの性」と呼んでみよう。わがもの性は排他的な感覚とは限らない。大学の隣の戸山公園では、サラリーマンがくつろいでいる向こうで高校生が吹奏楽の練習をし、小さな子供を連れた夫婦が時間を過ごし、大学生がさまざまなスポーツに興じているかと思えば、ホームレスと一緒に将棋を打ったりもする。そうした光景をみていると、誰もが相互に排除する／されることなく、まちを「わがもの」だと思い、わがもの顔で振る舞っているような、そういうまちは可能だろうかとつい夢想する。

端的にいって、わがもの性はわれわれ性の条件である。「わたし」なくして「わたしたち」はあり得ない。いや、正確には「わたしたち」に埋没し、わたし自身ではなく集団の意見に身を任せ、安寧を得ようとする態度は可能である。しかし、そういう態度の蔓延が社会を危うくしてきたことは、みなが知っている。わがもの性を前提としたわれわれ性は、民主主義を健全に機能させる。

ここで言いたいのは、「われわれ」が主語になるコミュニティではなく、「わたし」が主語になるコミュニティシップは可能か、ということである。小田急電鉄担当者・橋本氏の話で印象的だったのは、「自分の所属する課のオフィスが移転する予定の下北線路街に、あったらいいなと思う店を考えた」という話だ。「自分勝手だけれども…」と、冗談めかしていたが、本当はそれが本質なのではないか。遠くの誰かが住み働くまちをデザインするのではない。わたしのまち。

わたしに立脚するわれわれ、というのが第二の論点である。

3 都市の戦略と戦術 まちの攻略本を作る

下北線路街の計画でもうひとつ興味深いのは、「どう制限するかではなく、どう使いこなすか」という考え方だ。24店舗が集合した商業施設「reload」では、路面店の雰囲気を演出するために店と店の間に路地が張り巡らされ、パティオ(内庭)や吹き抜けが用意されている。巨大化せずヒューマンスケールな複合施設を実現した槇文彦＋朝倉不動産の代官山ヒルサイドテラスを彷彿させるが、決定的な違いはそれを綺麗に使うのではなく、余白的な空間に活動が溢れ出すような工夫を施している点である。小田急電鉄側は「reload」や店舗兼用住宅の商店街「BONUS TRACK」の店舗に対して、活動を縛るのではなく、「このようなことは

して良い」という説明を行ったという。

都市計画は、これまで上から設定したマスタープランによって民間の行動を制限するよう働いてきた。都市の成長とともに公害の発生や住環境が劣悪化する中で生まれたのが「都市計画」であるから、「制限」の方向へ走るのは仕方がないことだ。その後、建築家クリストファー・アレグザンダーの提唱する「パタン・ランゲージ」のように、都市を良くするパーツを図鑑のように提示し、その組み立ては各々に任せるという計画も生まれた。神奈川県真鶴町のように、それを都市計画に採用した自治体もある▼2。今回の取組は、さらにその先を行くもので、まちを「使いこなす」活動を促進する計画である。利用者の自主性次第という代わりに、「こんな方法がある」という魅力的な例をいくつも提示する。それは、まちを使いこなす「攻略本」を提供するようなものだ。

ここで行われた「支援型開発」とは、都市の「戦術」を支援する開発なのである。思想家のミシェル・ド・セルトーは、国や自治体などの権力者が上から計画する「戦略」と、その戦略の中でなんとか活路を見出す「戦術」を対置する。与えられた空間で粛々と過ごすのではなく、自らが空間に働きかけ作り替えることは、これにならって「戦術的利用」と呼べる。そもそも下北線路街は、小田急電鉄という組織の中で担当者が孤軍奮闘した戦術によって生まれた(あるいは、守られた)。そしてその中では、利用者と計画者が共犯となって、空間のタクティカ

ルな利用が実現しようとしている。

トップダウンで都市をつくる戦略 (ストラテジー) ではなく、地域の多様な主体の戦術 (タクティクス) を支援する計画としての「支援型開発」、というのが第三の論点である。

II 下北線路街が実現しつつあること

4 迂回する経済

これまで述べてきた3つの論点は、いずれも民間企業が行う都市開発の目的とは直接関係ないものと思える。賃料を抑えて若者のチャレンジの苗床を作る、共用部を個々の主体のもので溢れさせる、さらに広場に面した場所は店舗が独占するのではなくギャラリーを設置する、収益を生まない小さな緑の広場を整備する、チェーン店ではなく個店にこだわる、教育プログラム付きの賃貸住宅も始める…。しかしこれらのことは、「経済とは別の重要なこと」として実践されているのではなく、「これらこそ長期的には経済の中心になる」という信念に基づいて行われている。

筆者はこのような考え方を「迂回する経済」と呼んでいる。ふつう、開発できる用地には建物をいっぱいに建て、商業テナントやオフィス、分譲住宅などとして売るための床面積を最大限確保する。オープンスペースは、規制緩和を受けるために仕方な

く設けられる。開発の本音と建前としての公共性は別々に離れたままで、両者を規制緩和や補助金がつなぐことによって、都市開発はギリギリ成り立っている。

しかし、従来無駄だと思われてきたことこそが、遠回りをして持続的にまちの経済を育てていくのだ。あらゆる開発は、なんらかの都市のコモンに依存して成立する。そうであれば、短期的に都市のコモンを食い潰す開発は開発者自らの首を絞めることになる。「直進する経済から迂回する経済へ」というのは、本音と建前が一致した都市開発の思想である。経済活動と社会やまちに必要なことが、矛盾なく共存するための思想である。

5 パブリックライフの表面積を広げる

迂回する経済は具体的にどのような迂回路を辿るのだろうか。筆者は「迂回する経済はパブリックライフを肯定する」と主張してきた。ここでは下北沢にヒントを得ながらさらに踏み込んで、「パブリックライフの表面積を広げる」「まちの再帰性を高める」という2つの役割について述べようと思う。

まずは前者から。下北線路街の最大の特徴は、それがリニア (線状) な空間だということである。鉄道が占めていた線的な空間は巨大な「エッジ」[3] となっていたが、それをオープンスペースが取って変わると、巨大なパブリックライフの舞台となる。

たとえば川沿いの空間が重要なのは、それが貧しい人にも、裕福な人にも、面しているからである。多くの人びとの生活に面することで、日々の仕事の地位とは関係なく、人びとは自分のしたいやり方で空間を使い、共有することができる。これが「コモン」の本質であろう。下北線路街は、世田谷代田・下北沢・東北沢にまたがって、多くの人びとのパブリックライフに接している。同時にこの場所は、まちの新たなファンを受け入れる素地にもなりつつある。

6　まちの「再帰性」を高める

迂回する経済は、パブリックライフを豊かにすることだけで満足してはいけない。最終的な目標は、まちの「再帰性」を向上させる、ということだ。

社会的再帰性（ソーシャル・リフレキシビティ）というやや難しい言葉は、社会学者のアンソニー・ギデンズ、スコット・ラッシュ、ウルリッヒ・ベックらが用いた言葉である。その定義は入り組んでいるが、筆者はそれを「自身の置かれている境遇を批判的に捉え直し、当然と思われていた前提を更新していく能力」と定義する。ひとの再帰性は、その人を取り囲む環境が育てる。結婚のあり方も、職業の選択も、住む地域の選択も、「当然のように従わなければならないこと」から私たちは自身をある程度解放してきた。

筆者は、昨今議論される都市の自由、流動性、多様性、包摂性は、すべて共通して「再帰性」を源泉にもつのではないかと考える。最近発表された『地方創生のファクターX』（LIFUL HOME'S総研、2021.8）では、地域の多様性や寛容性が、その地を出ていくか定着するかの分かれ目を生んでいるという結論が示されたが、それは多様性を許容する風土、変化に対して自らの考えを柔軟に変えていく人びとの風土としての「まちの再帰性」が、マクロな居住地選択にまで影響するほど重要視されつつあるということだ。

下北沢は元来再帰性の高いまちである。しかし、自らの変化を恐れず新しいものを生み出す力が、どのように継承されていくのか。敷地の一角にある、教育プログラムを併設した賃貸住宅「Shimokita College」が参考になる。これは下北沢のさまざまな実践者を講師に招き、多様性などについて学んでいく学生寮だ。高校生は3か月、大学生は2年間のプログラムで外に出なければならない仕組みで、流動性は極めて高い。「一番やりたいのは教育」だ、と担当者はいう。こうした取り組みは、まちの中で何かを始める新しい主体を育てる活動であり、そこに関わる人びとを再帰化する仕組みづくりである。そして、再帰性は風景を通して運ばれてゆく。都市はあまりにも巨大で、自分がそれを変えられるとは思えない対象だ。それが自分たちの活動で変わるかもしれないという直感は、それが実際に実現した風景によって育てられるのである。

ひとが、そしてまちが「老いる」という

のは、「非再帰的になる」ことである。いま、完成したばかりの下北線路街は魅力的で、なにか起こりそうだという気風に満ちている。それが「過去に完成した風景」にならずに、ひとの再帰性を高め続けるプログラムになることができるかが問われる。

III 未来への問い

7 「発酵するコミュニティ」に向けて

パブリックライフの表面積を広げる、人びとの再帰性を高める、ということは、まちの新陳代謝を促して長期的にまちの「老い」を回避し、逆にまちの自由さを高めることが地域の経済を持続化するという「迂回する経済」の考え方だと言える。「自由をデザインするとはどういうことか」という問いかけから、ずいぶん遠くまで来た。最後に、再帰的なまちは時間と共に「老いる」のではなく、「発酵する」、と言いたい。

「発酵が好きなんです」と、橋本氏は言った。それで、BONUS TRACKには発酵食品を扱う「発酵デパートメント」を作ってもらったと。その話を聞いて思い出したが、まちが発酵するとはどういうことか、修士設計に取り組むゼミの学生と話したことがあった。その時の彼女の結論は、「なくてもいいが、あったほうがいいものが増えるこ

と」だった。こまめに手入れされた植栽も、風鈴のチリンチリンという音も、なくてもいいが、あったほうがいい。そういうものによってつくられる風景を、彼女は「発酵景」と呼んだ。今振り返れば、それは無数の小さな経済の迂回が、逆風に屈さずに定着したまちのことではないか。

下北沢の「迂回する経済」はパブリックライフを肯定し、人びとの再帰性の向上と、まちの発酵へと向かう。問題は、これが下北沢の新たなスタンダードとなることができるかだ。先述した代官山ヒルサイドテラスは、渋谷に隣接した代官山というまちが、中低層の、文化と商業が入り混じる落ち着いた街並みになるための先鞭をつけた。代官山がまだ発展していない頃に、巨大な商業施設が駅前を埋め尽くさないように方向づけたのは偉業である。担当した槇文彦はヒルサイドテラス内に自身の設計事務所を構え、蔦屋書店が作られる際にも「分棟、低層にしてくれ」と頼みに行ったそうである。

下北線路街が作り出した風景に、今後行われる開発はフォローしていくだろうか。最初の発信者も重要だが、二番目のフォロワーが出るかが肝心だ。そのためには、この実践がどんな実践だったのかを、まずは正確に言語化する必要がある。建物の見た目やプログラムをそのまま真似して欲しいわけではない。根底の思想や可能性を共有し、その都市空間上の表現として多様なものを作ることができるか。そのために、この文章が少しでも貢献できることを願う。

▼1　2015年度の国勢調査（小地域集計）より。

▼2　真鶴町「美の条例」のこと。リゾート法の施行に伴い地域の風土が破壊されることを恐れた自治体が、アレグザンダーのパタン・ランゲージの理論を参照しながら住民による「まちづくり発見団」を組織。「場所」「格付け」「尺度」「調和」などの「8つの原則」と、それを具体化する69のパーツを体系化して示した。1993年制定。なお、筆者も宮城県や佐賀県で物理的な提案とプログラムを組み合わせたパタン・ランゲージのような形式で、いくつものまちの「シナリオ」を提示する実践を行ってきた。

▼3　ケヴィン・リンチの用語で、まちの物理的な境目や障壁のこと。

BONUS TRACK 夏市（2021年8月）。新型コロナウイルスが蔓
延する中、つかの間の夏のひと時を大人も子どもも楽しんだ

4

コミュニティシップ
醸成のためのレシピ

街づくりと街づかいの新しいアプローチ

コミュニティシップとは、地域住民が街や街の人と積極的に関わり・楽しむ
意識や姿勢のことを言いますが、最後となる第4章ではコミュニティシップ
を高め、発揮するためのコツ、いわば、街の人が街でより充実した日常を
過ごすためのレシピ、そうした街をつくるためのレシピをご紹介します。

text：橋本 崇、向井隆昭

コミュニティシップ溢れる街の
つくりかたレシピ

1. つくり過ぎない
2. つくる側皆、今一歩踏み出す
3. 不動産事業はあくまで街づくりの手段と見なす
4. 支援役に徹する
5. 街の人が自立し持続していく仕組みをつくる

つくりかた❶
つくり過ぎない

街をつくる側（企業や行政）が、施設、空間、組織、管理・運営方法などをつくり過ぎると、街の主役である、そこに暮らす人や訪れる人が置き去りになってしまいます。街づくりのムードが主体と客体、つまり送り手と受け手に分かれてしまわないよう、思い切って街をつかって何かをしたい人にどんどん任せて主役になってもらいましょう。

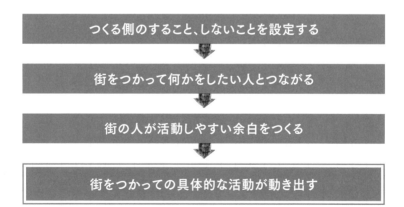

つくる側のすること、しないことを設定する

街をつかって何かをしたい人とつながる

街の人が活動しやすい余白をつくる

街をつかっての具体的な活動が動き出す

つくりかた❷
つくる側皆、今一歩踏み出す

場や計画を「つくり過ぎない」ということは、反面、予想外のことが起こり得るリスクにもなります。でも、価値観を共有する人たちが集まれば、前向きな共創・協業も起こり得ます。ルールで縛る管理型にするか、自由闊達な活動を見守るか。後者の場合大事な点は、街づくりに参加する皆がそれぞれ新たな領域に一歩踏み出すこと。

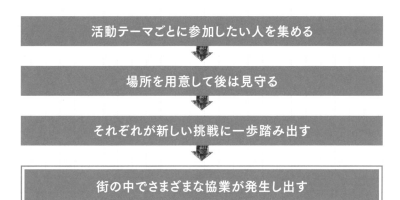

活動テーマごとに参加したい人を集める

↓

場所を用意して後は見守る

↓

それぞれが新しい挑戦に一歩踏み出す

↓

街の中でさまざまな協業が発生し出す

つくりかた❸
不動産事業はあくまで 街づくりの手段と見なす

特にデベロッパーは施設開発による不動産事業を街づくりと捉えがちです。もちろん施設開発も街づくりの一環ですが、そこだけにフォーカスすると、街の人のためではなく、不動産事業のための街づくりに陥ってしまいがち。不動産事業はあくまで街の人の生活の質向上のための一手段と認識しましょう。

不動産事業の短期的視点ではなく、長期視点に立つ

建物以外の場（活動の舞台）を整備する

持続可能な活動のための仕組づくりをする

デベロッパーと街の人との共同作業がはじまる

つくりかた❹
支援役に徹する

街の主役は街に住む人、街に来る人。ではつくる側がやるべきこととは何か。街の課題解決でも、自己満足的な活動でも、とにかく行動を起こせば、毎日の生活が充実・変化するということを、多くの人に体験・実感してもらうこと。だからつくる側がやるべきは、何かやりたいと思っている人が行動しやすくなる支援。

すでに街で活動している人と親しくなる

彼らの意見を参考に活動の場と機会づくりを考える

必要に応じて彼らの活動の後方支援を行う

街の人の主体的な活動が動き出す

つくりかた❺
街の人が自立し持続していく
仕組みをつくる

街の主役はあくまで街に住む人・街に来る人。でも、その人たちだって忙しいし、引っ越していくこともあり得る。また、街をつくる側もいつ担当者が入れ変わるかは未知数です。だから、せっかく動き出した、街の人たちによる活動が持続していくように、活動主体の体制や仕組みづくりをデザインしましょう。

活動を始めたグループの事業化を支援する

活動するグループの法人組織化を目指す

法人組織が自立できるように事業支援を行う

街をつかうグループが法人組織化し継続しやすくなる

コミュニティシップ溢れる街の
つかいかたレシピ

1. 扉を開く
2. 積極的に変化を求める
3. 他者と関与する
4. 行動に移す

つかいかた❶
扉を開く

仲間とは、お互いに分かり合えて、おもんぱかってくれて、あまり気を
つかわずに意思疎通し合えるかけがえのない存在です。でも、そこ
だけで閉じていては、なかなか新しい発想やアイディアは生まれず、
変化と成長に乏しい集団になりがちです。思い切って扉を開け放ち、
外の風を入れましょう、積極的に新しい出会いをつくりましょう。

いつもとは違う場所や機会に顔を出してみる

そこで自分から人に話しかけてみる

うまく打ち解けなくてもしばらくそれを続ける

街に開放的なムードが芽生え出す

つかいかた❷
積極的に変化を求める

いかにあなたの街に関心のある人がやってきても、いかにユニークな
アイディアを持ち掛けられても、それに耳を貸して意見を交換し、取
り入れて試してみる柔軟性がなければ、日常は少しも変わりません。
変化を歓迎する姿勢を身につければ、見える風景が変わります。課
題を解決する方法や人生の楽しみ方も広がります。

何かに取り組んでいる人を見て見ぬ振りしない

活動している人の話を聞いてみる、会話してみる

もし共感できるところがあれば少しずつ応援してみる

学び・成長の気風が街の集合知を高める

つかいかた❸
他者と関与する

右肩上がりの時代は、正解を求めて一人で取り組めば前に進めました。ところが、問題が複雑化して一筋縄では行かない成熟の時代には、頭を寄せ合って、アイディアをつなぎ合わせて、皆で納得のいく方向を探し出していくことが重要のようです。積極的に人と交わって、互いに補完し合って総和としてのたくましさを目指しましょう。

問題は一人で解決できると思い込まない

自分が知らないことは自分が成長するチャンスと捉える

わからないことも、楽しいことも仲間を巻き込んでみる

人のケイパビリティ（能力）と街のモビリティ（可動性）が高まっていく

つかいかた❹
行動に移す

思い立ったが吉日。旨い物は宵に食え。いずれも、物事を始めようと思ったら、すぐに実行に移す方がいいというお馴染みの教訓です。アイディアが頭に浮かんだら、仲間と話が盛り上がったら、とにかく行動に移してみる。街づくりとは社会課題解決ばかりではありません。あなたがしたいこと、熱中できることに取り組むことで街に活気がみなぎっていきます。

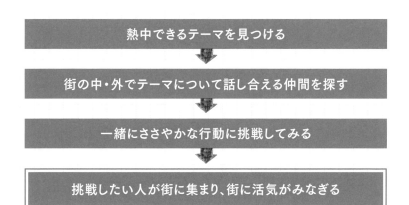

熱中できるテーマを見つける

街の中・外でテーマについて話し合える仲間を探す

一緒にささやかな行動に挑戦してみる

挑戦したい人が街に集まり、街に活気がみなぎる

新たな経営ビジョン「UPDATE 小田急」

小田急グループでは、お客さまとの接点である沿線・地域に対し、新しい価値を提供することで、地域とともに成長する企業でありたいと考えています。そうした考えのもと2021年4月、当社は、2027年までに取り組むべき方向性を示した経営ビジョン「UPDATE 小田急〜地域価値創造企業にむけて〜」を策定しました。

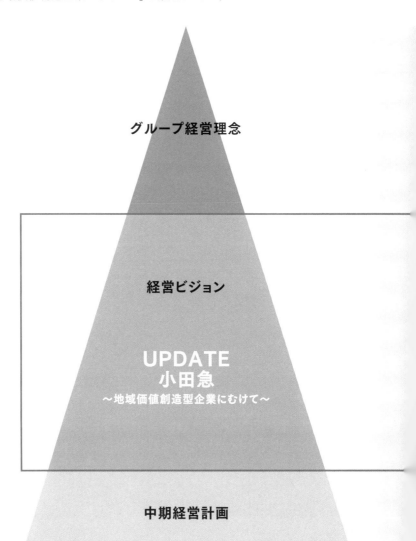

グループ経営理念

経営ビジョン

**UPDATE
小田急**
〜地域価値創造型企業にむけて〜

中期経営計画

経営理念
小田急グループは、お客さまの
「かけがえのない時間（とき）」と「ゆたかなくらし」の実現に貢献します。

行動指針
私たちは、経営理念の実現のため、3つの精神を忘れることなく
お客さまに「上質と感動」を提供します。
『真摯』『進取』『融和』

「地域価値創造型企業にむけて」
私たちは、小田急沿線や事業を展開する地域とともに成長するために、
既成概念に捉われず常に挑戦を続けることで、
お客さまの体験や環境負荷の低減など地域に新しい価値を
創造していく企業に進化します。

未来フィールド
将来自らが地域や顧客に提供していきたい価値

体質変革期（前半3ヵ年）
経営状況を回復させるとともに
飛躍期に向けた変革に取り組む

飛躍期（後半3ヵ年）
未来の小田急の
持続的な成長につながる事業創造や
拡大を進める

2021年度からの3ヵ年に実施する具体的施策

下北線路街アーカイブズ

小田急線地下化前 最終夜

旧下北沢駅南口

下北沢より新宿を臨む

旧東北沢4号踏切

小田急線地下化前 最終夜

下北線路街 空き地

NANSEI PLUS 工事期

地下トンネル

BONUS TRACK

MUSTARD HOTEL SHIMOKITAZAWA

おわりに

　私たちがこの本を制作する過程で何度も思ったことがあります。それは、今回のような開発、つまり、街の人起点で開発者側はあくまでその支援役に徹するという開発は「下北沢だからできた」と捉えていただきたくないということです。

　もちろん、下北沢には個性豊かで街に関して自覚的な人が多いと言えます。でも、どの街に行ってもそうした人は必ずいますし、どの街にも潜在的な魅力は必ず存在します。では、それ以外で重要になってくる要素とは何か。その一つは、街づくりに取り組む際に、いかに関係者全員がリスクを取るか、という点ではないかと思います。

　下北線路街の例で言えば、まず、街の人たちが新しく生まれた空間で、仲間を集めて具体的な活動を始めるという行動を起こしました。私たちもそういう場を街にたくさん生み出す、あるいはそういうムードを街に生み出すべく、ビル開発という分かりやすくて比較的手離れもいい不動産事業から街づくり事業にピボットしました。テナントとなってくださった個人事業主さんたちも、彼らを誘致した管理運営会社さんも、皆、これまでに経験したことのない新しい地平に一歩踏み込んでくれました。地域の方を含めてプロジェクトに関わる人全員がそれぞれの立場でリスクを取って一歩前に踏み出してくれた。下北線路街にとって、そこが一番大きなポイントでした。そうしたチャレンジを目の当たりにすることで、私たちも今回改めてそういう場と機会や雰囲気づくり、さらには体制や仕組みづくりこそが重要であると再認識することができました。会社もプロジェクトチームが動きやすいように従

来の枠組みから一歩踏み出して意思決定をしてくれました。このように各々が今までの領域からリスクを取って一歩前に踏み出したことが今に至った最大の要因だと強く感じています。

　では、このようなリスクを取る勇気は一体どこから湧いてくるのでしょうか。私たちは、下北線路街を通して数多くのシモキタの人たちと接することで見えてきたことがあります。それはシモキタというマジックワードです。地元の人たちは、"シモキタ"という言葉をもちろん場所（エリア）を示すときに使いますが、それとともに"自分たちが思い思いに好きなことをしている"状態や概念のことをも"シモキタ"と表現していることに気づきました。

　唯一下北沢の特異性を挙げるとすれば、この点においてです。街を使いこなす精神、街を使いこなすことで人生を楽しむというリテラシー、これこそがリスクを取るための原資だったのです。今回私たちは、それを「コミュニティシップ」と名付けて相対化したいと思いました。

　もう一つ重要な点は、柔軟性です。街づくりにおいては、計画を立てることはもちろん大事ですが、実行しながら状況に応じて臨機応変に変えていくこともそれ以上に大切になります。街づくりにおいては瞬間瞬間ごとの最適解はあっても真の正解はないのかもしれません。それが人間中心である街づくりの難しさであり、だからこそ変化を許容する組織かどうかがとても重要になるのだと思います。チームに完璧を求めすぎない、チームは計画に従うと同時に、うまくいかないケースも想定

しながら柔軟に対応策を考え実行し続ける学びと挑戦の文化を身につける。一旦そうした体質ができ上がると、一人ひとりがイキイキと街づくりに取り組める気がします。

　下北線路街においては、会社は私たちにたくさんのチャレンジを認め、そして後押しをしてくれました。会社とチームの仲間には感謝しかありません。中でも2018年に今回の計画案を会社の意思決定の場に掛けたときのことは今でも忘れません。なかなかうまく伝えることが難しい計画だったため、不安だらけの上申でしたが、「良い計画なのではないか」と前向きな反応を得ることで、「絶対にやってやる」という思いに至ったことを記憶しています。また、プロジェクトを進めるにあたっては、本当に多くの人たちの協力を得ながら進めてきました。本来であればチームメンバーをはじめ、関わってくださった社外の方々全員、この本に登場していただきたいというのが本音です。

　最後になりますが、ここまで辿り着けたのは、たくさんの方々の理解やサポートがあったからこそだと痛感しております。本当にありがとうございます。下北線路街は今動き出したばかりでここからが本当のスタートです。皆さまへの感謝の気持ちを忘れずに、次のステージにおいても前例に捉われず挑戦し続けて、一歩ずつ踏み出していきたいと思います。

2022年3月11日
橋本崇、向井隆昭

写真：nao mioki

向井隆昭（左）、橋本崇（右）

執筆者紹介

[編著者]

橋本 崇（ハシモト タカシ）

小田急電鉄まちづくり事業本部エリア事業創造部課長

1973年生まれ。東京理科大学理工学部卒業後、小田急電鉄株式会社に入社。鉄道事業本部にて大規模駅改良工事、駅リニューアル工事、バリアフリー整備工事等を担当後、開発事業本部に異動し、新宿駅リニューアル工事、駅前商業施設、学生寮「NODEGROWTH 湘南台」、旧社宅のリノベーション住宅「ホシノタニ団地」等の開発を担当。2017年より下北沢エリアの線路跡地「下北線路街」のプロジェクトリーダーを務める。

向井隆昭（ムカイ タカアキ）

小田急電鉄まちづくり事業本部エリア事業創造部課長代理

1990年生まれ。立教大学経済学部卒業後、小田急電鉄株式会社に入社。開発事業本部にて海老名駅前商業施設「ビナフロント」、旧社宅のリノベーション住宅「ホシノタニ団地」等沿線の不動産開発を担当。 2015年より下北沢エリアの線路跡地「下北線路街」の開発プロジェクトにおける企画・営業面で開発から管理運営まで一貫して担当している。

[著者]

近藤希実（コンドウ ノゾミ）

ライター、編集者、脚本家

1982年生まれ、京都大学卒業後、新聞記者を経てフリーのライター・編集者に。まちづくり、災害、ジャーナリズムなどを中心に執筆するかたわら映画製作にも携わり、商業映画のアシスタントプロデューサー、脚本家を務める。趣味は街歩き。

河上直美（カワカミ ナオミ）

株式会社アーキネティクス、『MEZZANINE』副編集長

2004年よりまちづくりに関わるNPO法人タブララサ（岡山県岡山市）にて活動するとともに、2017年より（株）アーキネティクスにて都市をテーマにした雑誌『MEZZANINE』の副編集長を務める。

吉備友理恵（キビ ユリエ）

株式会社日建設計イノベーションセンター プロジェクトデザイナー

（株）日建設計のイノベーションセンターで社内外をつなぐハブを担う。また、（一社）FCAJで共創や場を通じたイノベーションについてリサーチを行う。共創を概念ではなく、誰もが取り組めるものにするために「パーパスモデル」を考案。2022年書籍出版予定。

武田重昭（タケダ シゲアキ）
大阪府公立大学大学院 農学研究科 緑地環境科学専攻 准教授
1975年生まれ。UR都市機構および兵庫県立人と自然の博物館を経て、2013年より母校にてランドスケープ・アーキテクチュアの視点から都市と人の関係について教育・研究に携わる。共著書に『小さな空間から都市をプランニングする』（2019年・学芸出版社）、共訳書に『パブリックライフ学入門』（2016年・鹿島出版会）など。

三浦倫平（ミウラ リンペイ）
横浜国立大学大学院都市イノベーション研究院 都市科学部 准教授
1977年生まれ。専門は地域社会学／都市社会学。著書に『共生の都市社会学ー下北沢再開発問題のなかで考える』（2016年・新曜社）、Characteristics and importance of Japanese disaster sociology: Perspectives from regional and community studies in Japan（2016年・地域社会学会四十周年記念事業）など。

吉江 俊（ヨシエ シュン）
早稲田大学 創造理工学部 建築学科講師
専門は都市論・都市計画論。消費社会の都市空間の変容を追う「欲望の地理学」で博士（工学）取得。日本学術振興会特別研究員、ミュンヘン大学研究滞在を経て現職。民間企業と協働した都市再生や「迂回する経済」の実践研究、都市体験をベースとしたエリアブランディングなどに取り組む。共著に『無形学へ』（2017年・水曜社）など。

［監修者］
吹田良平（スイタ リョウヘイ）
株式会社アーキネティクス代表取締役、『MEZZANINE』編集長
1963年生まれ。浜野総合研究所を経て、2003年、都市を対象にプレイスメイキングとプリントメイキングを行うアーキネティクスを設立。都市開発、複合開発等の構想策定と関連する内容の出版物編集・制作を行う。主な実績に「渋谷QFRONT」企画、著書に『グリーンネイバーフッド』等がある。2017年より都市をテーマとした雑誌『MEZZANINE』を刊行。

謝辞
本書籍を制作するにあたり、下北沢エリアの皆さま、下北線路街に関わる方々に多くのご協力をいただきました。心よりお礼申し上げます。

コミュニティシップ
下北線路街プロジェクト。
挑戦する地域、応援する鉄道会社

2022年5月1日　第1版第1刷発行

編著　橋本 崇・向井隆昭
　　　小田急電鉄株式会社 エリア事業創造部

監修　吹田良平（アーキネティクス）

発行者　井口夏実
発行所　株式会社学芸出版社
　　　　京都市下京区木津屋橋通西洞院東入
　　　　電話 075-343-0811 〒600-8216
　　　　http://www.gakugei-pub.jp/
　　　　info@gakugei-pub.jp
編集担当　井口夏実
広報担当　山口智子

装丁・本文デザイン　　金子英夫（テンテツキ）
イラスト　ZUUUAN
印刷・製本　シナノパブリッシングプレス

© 小田急電鉄株式会社 2022　Printed in Japan
ISBN978-4-7615-2815-7